林业树木栽培与养护技术研究

朱 强◎著

吉林科学技术出版社

图书在版编目（CIP）数据

林业树木栽培与养护技术研究 / 朱强著. -- 长春：
吉林科学技术出版社，2022.11
ISBN 978-7-5578-9866-3

Ⅰ．①林… Ⅱ．①朱… Ⅲ．①园林树木－栽培技术
Ⅳ．①S68

中国版本图书馆 CIP 数据核字(2022)第 201501 号

林业树木栽培与养护技术研究

LINYE SHUMU ZAIPEI YU YANGHU JISHU YANJIU

作 者 朱 强
出 版 人 宛 霞
责任编辑 穆 楠
幅面尺寸 185 mm×260mm
开 本 16
字 数 269 千字
印 张 12
版 次 2023 年 5 月第 1 版
印 次 2023 年 5 月第 1 次印刷
出 版 吉林科学技术出版社
发 行 吉林科学技术出版社
地 址 长春市净月区福祉大路 5788 号
邮 编 130118
发行部电话/传真 0431-81629529 81629530 81629531
81629532 81629533 81629534

储运部电话 0431-86059116

编辑部电话 0431-81629518
印 刷 北京四海锦诚印刷技术有限公司

书 号 ISBN 978-7-5578-9866-3
定 价 75.00 元

前　言

　　坚持以人为本，全面、协调、可持续的科学发展观，统筹人与自然和谐发展，走可持续发展的现代化道路，是实现全面建设小康社会宏伟目标的必然选择。保障和促进人与自然和谐发展，是国民经济和社会发展全局赋予林业最重要、最根本的时代重任。

　　随着城市化进程的加快，城市林业发展的重要性和紧迫性日益显现。城市森林体系建设已成为支撑城市可持续发展的一大需求，也是实现社会主义现代化的迫切需要。森林植被是城市之"肺"，具有较强的、不可替代的吐故纳新功能。城市森林对保持大气中二氧化碳与氧气的平衡、缓解热岛效应和温室效应、减轻噪声和大气污染具有明显的作用。

　　本书是林业树木栽培与养护方向的著作，主要研究林业树木栽培与养护技术，本书从现代林业基本理论介绍入手，针对林木良种生产与苗木培育技术、造林技术、主要林种营造技术进行了分析研究；另外对林木养护技术做了一定的介绍；还对现代林业的发展与实践提出了一些建议；旨在摸索出一条适合林业树木栽培与养护工作的科学道路，帮助其工作者在应用中少走弯路，运用科学方法，提高效率。对现代林业发展有一定的借鉴意义。

　　在本书的编写过程中，由于时间较为紧迫，加之编者在编写水平、对相关资料的掌握程度等方面都存在差异，故此，真诚欢迎广大读者、同行与专家对其中的不足之处不吝指正，我们在此表示真挚的感谢！

目　录

第一章 现代林业基本理论

第一节 现代林业的概念与内涵

一、现代林业的概念

早在改革开放初期，我国就有人提出了建设现代林业。当时人们简单地将现代林业理解为林业机械化，后来又走入了"只讲生态建设，不讲林业产业"的朴素生态林业的误区。现代林业即在现代科学认识基础上，用现代技术装备武装和现代工艺方法生产以及用现代科学方法管理的，并可持续发展的林业。区别于传统林业，现代林业是在现代科学的思维方式指导下，以现代科学理论、技术与管理为指导，通过新的森林经营方式与新的林业经济增长方式，达到充分发挥森林的生态、经济、社会与文明功能，担负起优化环境，促进经济发展，提高社会文明，实现可持续发展的目标和任务。现代林业是充分利用现代科学技术和手段，全社会广泛参与保护和培育森林资源，高效发挥森林的多种功能和多重价值，以满足人类日益增长的生态、经济和社会需求的林业。

关于现代林业起步于何时，学术界有着不同的看法。有的学者认为，大多数发达国家的现代林业始于第二次世界大战之后，我国则始于1949年中华人民共和国成立。也有的学者认为，就整个世界而言，进入后工业化时期，即进入现代林业阶段，因为此时的森林经营目标已经从纯经济物质转向了环境服务兼顾物质利益。而在中华人民共和国成立后，我国以采伐森林提供木材为重点，同时大规模营造人工林，长期处于传统林业阶段，从20世纪70年代末开始，随着经济体制改革，才逐步向现代林业转轨。还有的学者通过对森林经营思想的演变以及经营利用水平、科技水平的高低等方面进行比较，认为1992年的联合国环境与发展大会标志着林业发展从此进入了林业生态、社会和经济效益全面协调、可持续发展的现代林业发展阶段。

随着时代的发展，林业本身的范围、目标和任务也在发生着变化。从林业资源所涵盖的范围来看，我国的林业资源不仅包括林地、林木等传统的森林资源，同时还包括湿地资源、荒漠资源，以及以森林、湿地、荒漠生态系统为依托而生存的野生动植物资源。从发展目标和任务看，已经从传统的以木材生产为核心的单目标经营，转向重视林业资源的多种功能、追求多种效益，我国林业不仅要承担木材及非木质林产品供给的任务，同时还要在维护国土生态安全、改善人居环境、发展林区经济、促进农民增收、弘扬生态文化、建设生态文明中发挥重要的作用。

衡量一个国家或地区的林业是否达到了现代林业的要求，最重要的就是考察其发展理念、生产力水平、功能和效益是否达到了所处时代的领先水平。建设现代林业就是要遵循当今时代最先进的发展理念，以先进的科学技术、精良的物质装备和高素质的务林人为支撑，运用完善的经营机制和高效的管理手段，建设完善的林业生态体系、发达的林业产业体系和繁荣的生态文化体系，充分发挥林业资源的多种功能和多重价值，最大限度地满足社会的多样化需求。

按照论理学的理论，概念是对事物最一般、最本质属性的高度概括，是人类抽象的、普遍的思维产物。先进的发展理念、技术和装备、管理体制等都是建设现代林业过程中的必要手段，而最终体现出来的是林业发展的状态和方向。因此，现代林业就是可持续发展的林业，它是指充分发挥林业资源的多种功能和多重价值，不断满足社会多样化需求的林业发展状态和方向。

二、现代林业的内涵

内涵是对某一概念中所包含的各种本质属性的具体界定。虽然"现代林业"这一概念的表述方式可以是相对不变的，但是随着时代的变化，其现代的含义和林业的含义都是不断丰富和发展的。

对于现代林业的基本内涵，在不同时期，国内许多专家给予了不同的界定。有的学者认为，现代林业是由一个目标（发展经济、优化环境、富裕人民、贡献国家）、两个要点（森林和林业的新概念）、三个产业（林业第三产业、第二产业、第一产业）彼此联系在一起形成的一个高效益的林业持续发展系统。还有的学者认为，现代林业强调以生态环境建设为重点，以产业化发展为动力，全社会广泛参与和支持为前提，积极广泛地参与国际交流合作，从而实现林业资源、环境和产业协调发展，经济、环境和社会效益高度统一的林业。现代林业与传统林业相比，其优势在于综合效益高，利用范围很大，发展潜力很突出。

中国现代林业的基本内涵可表述为：以建设生态文明社会为目标，以可持续发展理论为指导，用多目标经营做大林业，用现代科学技术提升林业，用现代物质条件装备林业，用现代信息手段管理林业，用现代市场机制发展林业，用现代法律制度保障林业，用扩大对外开放拓展林业，用高素质新型务林人推进林业，努力提高林业科学化、机械化和信息化水平，提高林地产出率、资源利用率和劳动生产率，提高林业发展的质量、素质和效益，建设完善的林业生态体系、发达的林业产业体系和繁荣的生态文化体系。

（一）现代发展理念

理念就是理性的观念，是人们对事物发展方向的根本思路。现代林业的发展理念，就是通过科学论证和理性思考而确立的未来林业发展的最高境界和根本观念，主要解决林业发展走什么道路、达到什么样的最终目标等根本方向问题。因此，现代林业的发展理念，必须是最科学的，既符合当今世界林业发展潮流，又符合中国的国情和林情。

中国现代林业的发展理念应该是：以可持续发展理论为指导，坚持以生态建设为主的林业发展战略，全面落实科学发展观，最终实现人与自然和谐的生态文明社会。这一发展理念的四个方面是一脉相承的，也是一个不可分割的整体。建设人与自然和谐的生态文明社会，是党的十七大报告提出的实现全面建设小康社会目标的新要求之一，是落实科学发展观的必然要求，也是"三生态"（生态建设、生态安全、生态文明）战略思想的重要组成部分，充分体现了可持续发展的基本理念，成为现代林业建设的最高目标。

可持续发展理论是在人类社会经济发展面临着严重的人口、资源与环境问题的背景下产生和发展起来的，联合国环境规划署把可持续发展定义为满足当前需要而又不削弱子孙后代满足其需要之能力的发展。可持续发展的核心是发展，重要标志是资源的永续利用和良好的生态环境。可持续发展要求既要考虑当前发展的需要，又要考虑未来发展的需要，不以牺牲后代人的利益为代价。在建设现代林业的过程中，要充分考虑发展的可持续性，既充分满足当代人对林业三大产品的需求，又不对后代人的发展产生影响。大力发展循环经济，建设资源节约型、生态良好和环境友好型社会，必须合理利用资源、大力保护自然生态和自然资源，恢复、治理、重建与发展自然生态和自然资源，是实现可持续发展的必然要求。可持续林业从健康、完整的生态系统、生物多样性、良好的环境及主要林产品持续生产等诸多方面，反映了现代林业的多重价值观。

（二）多目标经营

森林具有多种功能和多种价值，从单一的经济目标向生态、经济、社会多种效益并重的多目标经营转变，是当今世界林业发展的共同趋势。由于各国的国情、林情不同，其林业经营目标也各不相同。德国、瑞士、法国、奥地利等林业发达国家在总结几百年来林业发展经验和教训的基础上提出了近自然林业模式；美国提出了从人工林计划体系向生态系统经营的高层过渡；日本则通过建设人工培育天然林、复层林、混交林等措施来确保其多目标的实现。20世纪80年代中期，我国对林业发展道路进行了深入系统的研究和探索，提出了符合我国国情、林情的林业分工理论，按照林业的主导功能特点或要求划类，并按各类的特点和规律运行的林业经营体制与经营模式，通过森林功能性分类，充分发挥林业资源的多种功能和多种效益，不断增加林业生态产品、物质产品和文化产品的有效供给，持续不断地满足社会和广大民众对林业的多样化需求。

中国现代林业的最终目标是建设生态文明社会，具体目标是实现生态、经济、社会三大效益的最大化。

第二节 现代林业建设的总体布局

一、总体布局

（一）构建点、线、面相结合的森林生态网络

良好的生态环境，应该建立在总量保证、布局均衡、结构合理、运行通畅的植被系统基础上。森林生态网络是这一系统的主体。当前我国生态环境不良的根本原因是植被系统不健全，而要改变这种状况的根本措施就是建立一个合理的森林生态网络。

建立合理的森林生态网络应该充分考虑下述因素：一是森林资源总量要达到一定面积，即要有相应的森林覆盖率。按照科学测算，森林覆盖率要达到 26% 以上。二要做到合理布局。从生态建设需要和我国国情、林情出发，今后恢复和建设植被的重点区域应该是生态问题突出、有林业用地但又植被稀少的地区，如西部的无林少林地区、大江大河源头及流域、各种道路两侧及城市、平原等。三是提高森林植被的质量，做到林种、树种、林龄及森林与其他植被的结构搭配合理。四是有效保护好现有的天然森林植被，充分发挥森林天然群落特有的生态效能。从这些要求出发，以林为主，因地制宜，实行乔灌草立体开发，是从微观的角度解决环境发展的时间与空间、技术与经济、质量与效益结合的问题；而点、线、面协调配套，则是从宏观发展战略的角度，以整个国土生态环境为全局，提出森林生态网络工程总体结构与布局的问题。

"点"是指以人口相对密集的中心城市为主体，辐射周围若干城镇所形成的具有一定规模的森林生态网络点状分布区。它包括城市森林公园、城市园林、城市绿地、城乡接合部以及远郊大环境绿化区（森林风景区、自然保护区等）。

城市是一个特殊的生态系统，它是以人为主体并与周围的其他生物和非生物建立相互联系，受自然生命保障系统所供养的"社会—经济—自然复合生态系统"。随着经济的持续高速增长，我国城市化发展趋势加快，已经成为世界上城市最多的国家之一，现有城市 680 多座，城市人口已约占总人口的 50%，尤其是经济比较发达的珠江三角洲、长江三角洲、胶东半岛以及京、津、唐地区已经形成城市走廊（或称城市群）的雏形，虽然城市化

极大地推动了我国社会进步和经济繁荣，但在没有强有力的控制条件下，城市化不可避免地导致城市地区生态的退化，各种环境困扰和城市病愈演愈烈。因此，以绿色植物为主体的城市生态环境建设已成为我国森林生态网络系统工程建设不可缺少的一个重要组成部分，引起了全社会和有关部门的高度重视。根据国际上对城市森林的研究和我国有关专家的认识，现代城市的总体规划必须以相应规模的绿地比例为基础（国际上通常以城市居民人均绿地面积不少于 $10m^2$ 作为最低的环境需求标准），同时，按照城市的自然、地理、经济和社会状况以及城市规划、城市性质等确定城市绿化指标体系，并制定城市"三废"（废气、废水、废渣）排放以及噪声、粉尘等综合治理措施和专项防护标准。城市森林建设是国家生态环境建设的重要组成部分，必须把城市森林建设作为国家生态环境建设的重要组成部分。城市森林建设是城市有生命的基础设施建设，人们向往居住在空气清新、环境优美的城市环境里的愿望越来越迫切，这种需求已成为我国城市林业发展和城市森林建设的原动力。近年来，在国家有关部门提出的建设森林城市、生态城市及园林城市、文明卫生城市的评定标准中，均把绿化达标列为重要依据，表明我国城市建设正逐步进入法制化、标准化、规范化轨道。

"线"是指以我国主要公路、铁路交通干线两侧、主要大江与大河两岸、海岸线以及平原农田生态防护林带（林网）为主体，按不同地区的等级、层次标准以及防护目的和效益指标，在特定条件下，通过不同组合建成乔灌草立体防护林带。这些林带应达到一定规模，并发挥防风、防沙、防浪、护路、护岸、护堤、护田和抑螺防病等作用。

"面"是指以我国林业区划的东北区、西北区、华北区、南方区、西南区、热带区、青藏高原区等为主体，以大江、大河、流域或山脉为核心，根据不同自然状况所形成的森林生态网络系统的块状分布区。它包括西北森林草原生态区、各种类型的野生动植物自然保护区以及正在建设中的全国重点防护林体系工程建设区等，形成以涵养水源、水土保持、生物多样化、基因保护、防风固沙以及用材等为经营目的、集中连片的生态公益林网络体系。

我国森林生态网络体系工程点、线、面相结合，从总体布局上是一个相互依存、相互补充，共同发挥社会公益效益，维护国土生态安全的有机整体。

(二) 实行分区指导

根据不同地区对林业发展的要求和影响生产力发展的主导因素，按照"东扩、西治、南用、北休"的总体布局和区域发展战略，实行分区指导。

1. 东扩

发展城乡林业，扩展林业产业链，主要指我国中东部地区和沿海地区。

主攻方向：通过完善政策机制，拓展林业发展空间，延伸林业产业链，积极发展城乡林业，推动城乡绿化美化一体化，建设高效农田防护林体系，大力改善农业生产条件，兼顾木材加工业原料需求以及城乡绿化美化的种苗需求，把这一区域作为我国木材供应的战略支撑点之一，促进林业向农区、城区和下游产业延伸，拓展林业发展的领域和空间。

2. 西治

加速生态修复，实行综合治理，主要指我国西部的"三北"地区、西南峡谷和青藏高原地区，是林业生态建设的主战场，也是今后提高我国森林覆盖率的重点地区。

主攻方向：在优先保护好现有森林植被的同时，通过加大西部生态治理工程的投入力度，加快对风沙源区、黄土高原区、大江大河源区和高寒地区的生态治理，尽快增加林草植被，有效地治理风沙危害，努力减轻水土流失，切实改善西部地区的生态状况，保障我国的生态安全。

3. 南用

发展产业基地，提高森林质量和水平，主要指我国南方的集体林区和沿海热带地区，是今后一个时期我国林业产业发展的重点区域。

主攻方向：在积极保护生态的前提下，充分发挥地域和政策机制的优势，通过强化科技支撑，提高发展质量，加速推进用材林、工业原料林和经济林等商品林基地建设，大力发展林纸林板一体化、木材加工、林产化工等林业产业，满足经济建设和社会发展对林产品的多样化需求。

4. 北休

强化天然林保育，继续休养生息，主要指我国东北林区。

主攻方向：通过深化改革和加快调整，进一步休养生息，加强森林经营，在保护生态前提下，建设我国用材林资源战略储备基地，把东北国有林区建设成为资源稳步增长、自然生态良好、经济持续发展、生活明显改善、社会全面进步的社会主义新林区。

（三）重点突出环京津生态圈，长江、黄河两大流域，东北、西北和南方三大片

环京津生态圈是首都乃至中国的"形象工程"。在这一生态圈建设中，防沙治沙和涵养水源是两大根本任务。它对降低这一区域的风沙危害、改善水源供给，同时对优化首都生态环境、提升首都国际形象、举办绿色奥运等具有特殊的经济意义和政治意义。这一区域包括北京、天津、河北、内蒙古、山西五个省（自治区、直辖市）的相关地区。生态治理的主要目标是为首都阻沙源、为京津保水源，并为当地经济发展和人民生活开拓财源。

生态圈建设的总体思路是加强现有植被保护，大力封沙育林育草、植树造林种草，加快退耕还林还草，恢复沙区植被，建设乔灌草相结合的防风固沙体系；综合治理退化草原，实行禁牧舍饲，恢复草原生态和产业功能；搞好水土流失综合治理，合理开发利用水

资源，改善北京及周边地区的生态环境；缓解风沙危害，促进北京及周边地区经济和社会的可持续发展。主要任务是造林营林，包括退耕还林、人工造林、封沙育林、飞播造林、种苗基地建设等；治理草地，包括人工种草、飞播牧草、围栏封育、草种基地建设及相关的基础设施建设；建设水利设施，包括建立水源工程、节水灌溉、小流域综合治理等。基于这一区域多处在风沙区、经济欠发达和靠近京津、有一定融资优势的特点，生态建设应尽可能选择生态与经济结合型的治理模式，视条件发展林果业，培植沙产业，同时，注重发展非公有制林业。

长江和黄河两大流域。主要包括长江及淮河流域的青海、西藏、甘肃、四川、云南、贵州、重庆、陕西、湖北、湖南、江西、安徽、河南、江苏、浙江、山东、上海17个省（自治区、直辖市），建设思路是：以长江为主线，以流域水系为单元，以恢复和扩大森林植被为手段，以遏制水土流失、治理石漠化为重点，以改善流域生态环境为目标，建立起多林种、多树种相结合，生态结构稳定和功能完备的防护林体系。主要任务是：开展退耕还林、人工造林、封山（沙）育林、飞播造林及低效林改造等。同时，要注重发挥区域优势，发展适销对路和品种优良的经济林业，培植竹产业，大力发展森林旅游业等林业第三产业。

在黄河流域，重点生态治理区域是上中游地区，主要包括青海、甘肃、宁夏、内蒙古、陕西、山西、河南的大部分或部分地区。生态环境问题最严重的是黄土高原地区，总面积约为64万 km^2，是世界上面积最大的黄土覆盖地区，气候干旱，植被稀疏，水土流失十分严重，流失面积占黄土高原总面积的70%，是黄河泥沙的主要来源地。建设思路是：以小流域治理为单元，对坡耕地和风沙危害严重的沙化耕地实行退耕还林，实行乔灌草结合，恢复和增加植被；对黄河危害较大的地区要大力营造沙棘等水土保持林，减少粗沙流失危害；积极发展林果业、畜牧业和农副产品加工业，帮助农民脱贫致富。

东北片、西北片和南方片。东北片和南方片是我国的传统林区，既是木材和林产品供给的主要基地，也是生态环境建设的重点地区；西北片是我国风沙危害、水土流失的主要区域，是我国生态环境治理的重点和"瓶颈"地区。

东北片肩负商品林生产和生态环境保护的双重重任，总体发展战略是：通过合理划分林业用地结构，加强现有林和天然次生林保护，建设完善的防护体系，防止内蒙古东部沙地东移；通过加强三江平原、松辽平原农田林网建设，完善农田防护林体系，综合治理水土流失，减少坡面和耕地冲刷；加强森林抚育管理，提高森林质量，同时，合理区划和建设速生丰产林，实现由采伐天然林为主向采伐人工林为主的转变，提高木材及林产品供给能力；加强与俄罗斯东部区域的森林合作开发，强化林业产业，尤其是木材加工业的能力建设；合理利用区位优势和丘陵浅山区的森林景观，发展森林旅游业及林区其他第三产业。

西北片面积广大，地理条件复杂，有风沙区、草原区，还有丘陵、戈壁、高原冻融区等。这里主要的生态问题是水土流失、风沙危害及与此相关的旱涝、沙暴灾害等，治理重点是植树种草，改善生态环境。主要任务是：切实保护好现有的天然林生态系统，特别是长江、黄河源头及流域的天然林资源和自然保护区；实施退耕还林，扩大林草植被；大力开展沙区，特别是沙漠边缘区造林种草，控制荒漠化扩大趋势；有计划地建设农田和草原防护林网；有计划地发展薪炭林，逐步解决农村能源问题；因地制宜地发展经济林果业、沙产业、森林旅游业及林业多种经营业。

南方片自然条件相对优越，立地条件好，适宜森林生长。全区经济发展水平高，劳动力充足，交通等社会经济条件好；集体林多，森林资源总量多，分布较为均匀。林业产业特别是人工林培育业发达，森林单位面积的林业产值高，适生树种多，林地利用率高，林地生产率较高。总体上，这一地区具有很强的原料和市场指向，适宜大力发展森林资源培育业和培育、加工相结合的大型林业企业。主要任务是：有效提高森林资源质量，调整森林资源结构和林业产业结构，提高森林综合效益；建设高效、优质的定向原料林基地，将未来林业产业发展的基础建立在主要依靠人工工业原料林上，同时，大力发展竹产业和经济林产业；进行深加工和精加工，大力发展木材制浆造纸业，扶持发展以森林旅游业为重点的林业第三产业及建立在高新技术开发基础上的林业生物工程产业。

二、区域布局

（一）东北林区

以实施东北内蒙古重点国有林区天然林保护工程为契机，促进林区由采伐森林为主向管护森林为主转变，通过休养生息恢复森林植被。

这一地区主要具有原料的指向性（且可以来自俄罗斯东部森林），兼有部分市场指向（且可以出售国外），应重点发展人工用材林，大力发展非国境线上的山区林业和平原林业；应提高林产工业科技水平，减少初级产品产量，提高精深加工产品产量，从而用较少的资源消耗获得较大的经济产出。

（二）西北、华北北部和东北西部干旱半干旱地区

实行以保护为前提、全面治理为主的发展策略。在战略措施上应以实施防沙治沙工程和退耕还林工程为核心，并对现有森林植被实行严格保护。

一是在沙源和干旱区全面遏制沙化土地扩展的趋势，特别是对直接影响京津生态安全的两大沙尘暴多发地区，进行重点治理。在沙漠仍在推进的边缘地带，以种植耐旱灌木为

主，建立起能遏制沙漠推进的生态屏障；对已经沙化的地区进行大规模的治理，扩大人类的生存空间；对沙漠中人们集居形成的绿洲，在巩固的基础上不断扩大绿洲范围。二是对水土流失严重的黄土高原和黄河中上游地区、林草交错带上的风沙地等实行大规模退耕还林还草，按照"退耕还林、封山绿化、以粮代赈、个体承包"的思路将退化耕地与风沙地的还林还草和防沙治沙、水土治理紧密结合起来，大力恢复林草植被，以灌草养地。为了考虑农民的长远生计和地区木材等林产品供应，在林灌草的防护作用下，适当种植用材林和特有经济树种，发展经济果品及其深加工产品。三是对仅存的少量天然林资源实行停伐保护，国有林场职工逐步分流。

（三）　华北及中原平原地区

在策略上适宜发展混农林业或种植林业。一方面，建立完善的农田防护林网，保护基本耕地；另一方面，由于农田防护林生长迅速，应引导农民科学合理地利用沟渠路旁、农田网带、滩涂植树造林，通过集约经营培育平原速生丰产林，从而不断地产出用材，满足木材加工企业的部分需求，实现生态效益和经济效益的双增长。同时，在靠近城市的地区，发展高投入、高产出的种苗花卉业，满足城市发展和人们生活水平逐渐提高的需要。

（四）　南方集体林地区

南方集体林地区的主要任务是有效提高森林资源质量，建设优质高效用材林基地，集约化生产经济林，大力发展水果产业，加大林业产业的经济回收力度，调整森林资源结构和林业产业结构，提高森林综合效益。

在策略上首先应搞好分类经营，明确生态公益林和商品林的建设区域。结合退耕还林工程加快对尚未造林的荒山荒地绿化、陡坡耕地还林和灌木林的改造，利用先进的营造林技术对难利用土地进行改造，尽量扩大林业规模，强化森林经营管理，缩短森林资源的培育周期，提高集体林质量和单位面积的木材产量。另外，通过发展集团型林企合成体，对森林资源初级产品深加工，提高精深加工产品的产出。

（五）　东南沿海热带林地区

东南沿海热带林地区的主要任务是在保护好热带雨林和沿海红树林资源的前提下，发展具有热带特色的商品林业。

在策略上主要实施天然林资源保护工程、沿海防护林工程和速生丰产用材林基地建设工程。在适宜的山区和丘陵地带大力发展集约化速生丰产用材林、热带地区珍稀树种大径材培育林、热带水果经济林、短伐期工业原料林，尤其是热带珍稀木材和果品，发展木材精深加工和林化产品。

（六）西南高山峡谷地区

西南高山峡谷地区的主要任务是建设生态公益林，改善生态环境，确保大江大河生态安全。在发展策略上应以保护天然林、建设江河沿线防护林为重点，以实施天然林资源保护工程和退耕还林工程为契机，将天然林停伐保护同退耕还林、治理荒山荒地结合进行。在地势平缓、不会形成水土流失的适宜区域，可发展一些经济林和速生丰产用材林、工业原料林基地；在缺薪少柴地区，发展一些薪炭林，以缓解农村烧柴对植被破坏的压力。同时，大力调整林业产业结构，提高精深加工产品的产出，重点应发展人造板材。

（七）青藏高原高寒地区

青藏高原高寒地区的主要任务是保护高寒高原典型生态系统。应采取全面的严格保护措施，适当辅以治理措施，防止林、灌、草植被退化，增强高寒湿地涵养水源功能，确保大江大河中下游的生态安全。同时，要加强对野生动物的保护、管理和执法力度。

（八）城市化地区

加大城市森林建设力度，将城市林业发展要纳入城市总体发展规划，突出重点，强调游憩林建设和人居林生态林建设，从注重视觉效果为主向视觉与生态功能兼顾的转变；从注重绿化建设用地面积的增加向提高土地空间利用效率转变；从集中在建成区的内部绿化美化向建立城乡一体的城市森林生态系统转变。

在重视林业生态布局的同时也要重视林业产业布局。东部具有良好的经济社会条件，用政策机制调动积极性，将基干林带划定为国家重点公益林并积极探索其补偿新机制，出台适应平原林业、城市林业和沿海林业特点的木材采伐管理办法，延伸产业，形成一、二、三产业协调发展的新兴产业体系。持续发展，就是要全面提高林业的整体水平，实现少林地区的林业可持续发展。

西部的山西、内蒙古中西部、河南西北部、广西西北部、重庆、四川、贵州、云南、西藏、陕西、甘肃、宁夏、青海、新疆等地为我国生态最脆弱、治理难度最大、任务最艰巨的区域，加快西部地区的生态治理步伐，为西部大开发战略的顺利实施提供生态基础支撑。

南部的安徽南部、湖北、湖南、江西及浙江、福建、广东、广西、海南等林业产业发展最具活力的地区，充分利用南方优越的水热条件和经济社会优势，全面提高林业的质量和效益；加大科技投入，强化科技支撑，以技术升级提升林业的整体水平，充分发挥区域自然条件优势，提高林地产出率，实现生态、经济与社会效益的紧密结合和最大化。

北部深入推进辽宁、吉林、黑龙江和内蒙古大兴安岭等重点国有林区天然林休养生息政策，加快改革就是大力改革东北林区森林资源管理体制、经营机制和管理方式，将产业结构由单一的木材采伐利用转变到第一、二、三产业并重上来。加速构筑东北地区以森林植被为主体的生态体系、以丰富森林资源为依托的产业体系、以加快森林发展为对象的服务体系，最终实现重振东北林业雄风的目标。

另外，在进行区域布局时应加强生态文明建设，"文明不仅是人类特有的存在方式，而且是人类唯一的存在方式，也就是人类实践的存在方式"。"生态文明"是在生态良好、社会经济发达、物质生产丰厚的基础上所实现的人类文明的高级形态，是与社会法律规范和道德规范相协调，与传统美德相承接的良好的社会人文环境、思想理念与行为方式，是经济社会可持续发展的重要标志和先进文化的重要象征，代表了最广大人民群众的根本利益。建立生态文明、经济繁荣的社会，就是要按照以人为本的发展观、不侵害后代人的生存发展权的道德观、人与自然和谐相处的价值观，指导林业建设，弘扬森林文化，改善生态环境，实现山川秀美，推进我国物质文明和精神文明建设，促使人们在思想观念、思维方式、科学教育、审美意识、人文关怀诸方面产生新的变化，逐步从生产方式、消费方式、生活方式等各个方面构建生态文明的社会形态。

中国作为最大的发展中国家，正在致力于建设山川秀美、生态平衡、环境整洁的现代文明国家。在生态建设进程中，我们必须把增强国民生态文明意识列入国民素质教育的重要内容。通过多种形式，向国民特别是青少年展示丰富的森林文化，扩大生态文明宣传的深度和广度，增强国民生态忧患意识、参与意识和责任意识。

第二章 林木良种生产与苗木培育技术

第一节 林木良种生产技术

一、林木良种繁育技术

林木种子是育苗和造林中最基本的物质基础。使用遗传品质和播种品质两个方面都优良的种子育苗造林成活率高，成林快，林分质量高。只有保证有足够数量的优质种子才能保证育苗造林任务按计划完成。为了实现林木良种化，获得优良种子，必须在掌握林木开花结实的自然规律基础上，建立良种繁育基地（如采种母树林、种子园、采穗圃等），应用先进的生产技术，提高种子的产量和质量。

（一）母树林改建

1. 母树林的概念

母树林是以大量生产播种品质和遗传品质有一定程度改善的林木种子的林分；它是从现有的天然或人工林分中选择优良林分，进行去劣留优的逐步改建和加强管理的基础上建成的。

2. 母树林的林分选择

改建成母树林的林分选择时应符合以下标准：地理起源清楚；林分中优良林木占优势，林分去劣留优后的疏密度不低于0.6；一般应为同龄林，如选异龄林，则母树间的年龄差异要小；林分处于盛果初期；林分以纯林为好，如选用混交林，则目的树种的株数占50%以上。此外，还要求林分的生产力较高，周围无同类树种低劣林分，林分面积较大，立地条件较好。

3. 母树林的疏伐改建技术

（1）母树林改建的关键技术措施

母树林改建的关键技术措施是去劣疏伐。目的是淘汰表现低劣的树木，提高林分种子的平均遗传品质；改善林分内的光照条件，促进母树的生长和冠幅发育，促进开花，提高种子产量。

（2）疏伐对象

在改建母树林的林分已确定的基础上，需要对林分内树木的生长状况、植株的分布状况进行调查，从生长量、干形、树冠结构和冠幅、抗病虫害能力和结实能力等方面对林木分类评价，性状表现良好的植株作为母树选留；对生长差、干形弯曲、冠形不整、侧枝粗大、受明显的病虫害感染和结实差的植株，要首先伐除。

（3）疏伐原则

疏伐的原则是留优去劣和照顾适当的株间距。疏伐可分 2 次或 3 次进行。首先要根据生长状况伐去杂树和低劣母树，尽量保留优良植株，疏伐的强度对母树的生长发育影响较大，要根据树种特点、郁闭度、林龄和立地条件等来确定。第一次疏伐的强度可以大些，在 50%~60%，使郁闭度降至 0.5 左右，保留母树的树冠间距在 1~2m，以后根据母树生长和开花结实状况隔数年疏伐 1 次，以提高单位面积的种子产量。

（4）合理的管理

为利于母树生长和结实，在必要的条件下，对母树林还要实施除草、施肥、病虫害防治等管理。

（二）林木种子园营建和管理技术

1. 种子园的概念

种子园是由优树的无性系或家系组建的，以大量生产优质种子为目的的特种林。对该林分须采取与外界花粉隔离和集约经营，以保证种子的优质高产、稳产和便于采摘。利用种子园生产的种子具有遗传品质好、结实较早、多且稳定、管理方便、育苗简便、效益显著等优点。我国的杉木、长白落叶松、马尾松、油松、湿地松、日本落叶松、红松等部分树种通过建立种子园，其材积、通直度及抗病增益都有不同程度的提高。

2. 种子园主要类别

种子园可按繁殖方式、繁殖世代、改良程度等划分类别。按繁殖方式可分无性系种子园和实生苗种子园。无性系种子园是用优树的枝条通过嫁接方式建成的种子园，是当前种子园的主要形式。实生苗种子园是用优树种子繁殖的实生苗建成的种子园。按改良程度和世代可分为第一代种子园和多世代种子园，其中，第一代种子园又有初级无性系种子园和改良无性系种子园之分；多世代种子园又可分为第二代种子园和改良高世代种子园等。

3. 种子园地域特点与规模确定

（1）种子园的地域特点

每个种子园的供种范围都有一定的区域限制，生产的良种只有在适宜的地区利用，才能体现其增产潜力。通常种子园要建在它的供种区域内。也即种子园种子主要供应给与优树产地生态条件相似地区，或在试验基础上确定供种范围；为增加种子产量，北部种子园区的优树可以转移到中、南部气候条件好的地区建园。

（2）种子园的规模和产量确定

可根据供种区内树种年造林任务和种子需要量建立种子园；对种子园单位面积产量的预测来确定种子园规模；面积确定还要为进一步发展和调整留有余地。

4. 园址选择与规划设计

（1）园址选择

应选择有较高的积温、适度的降水、避免灾害性气候频发的地区作为建园地点。一般要求地形平缓（坡度小于25°）、开阔、向阳、面积大且完整，使用权清楚。要求土层厚、肥力中等，透气排水性好，酸碱性适宜该树种，有灌溉条件等。要求与同种或近缘树种林分有一定距离。要求考虑到建园地点要符合交通方便、劳动力充足等条件。

（2）种子园及其他相关育种群体的规划

在种子园规划时，其他育种中的群体，如优树收集圃、子代测定林、苗圃等是必备的，并需要设置在一定范围内，所以要同时进行规划。

①当种子园、收集圃、测定林位于同一地段时，种子园应位于上风位置且有一定的距离。

②为管理和无性系配置方便，种子园要分区经营。经营大区一般 $3\sim10km^2$，视集约程度、地形等因素划定，配置小区一般 $0.3\sim1hm^2$，取决于无性系配置方式、数量等。

③建筑物、道路等设置要利于生产和生活及防火等。

④种子园规划要为进一步发展留有余地。

（3）建园无性系（家系）数量

从供种范围、遗传基础、减少近亲繁殖影响和初级种子园的去劣疏伐考虑，建园无性系或家系要有一定数量，但不是越多越好，建园无性系或家系数量太多，遗传增益降低，且测定工作量加大。对于初级种子园要考虑花期同步和去劣疏伐，$10\sim30hm^2$ 的有 $50\sim100$ 个无性系为宜；大于 $30hm^2$ 的 $100\sim200$ 个无性系为宜；改良种子园为初级种子园的 $1/3\sim1/2$；特殊配合力种子园可以更少。实生种子园数量应多于无性系种子园。

5. 无性系种子园营建

种子园营建技术包括栽植密度确定原则、无性系配置、苗木准备、整地与定植等内容。

（1）栽植密度确定原则

要有利于植株生长与开花结实；充分利用异交；考虑是否进行去劣疏伐且有利于良种单位面积高产。树种速生、立地条件好、改良种子园或无性系种子园，以及无性系数量少时，密度宜小；而树种慢生、立地条件差、初级种子园或实生种子园，以及无性系数量多时，密度宜大。

（2）无性系配置

即确定种子园内不同重复中无性系间的相对位置。配置原则要使无性系间充分自由交配且近交概率最小。要求做到：

①同一无性系各分株的间距最大（降低自交概率）；

②避免各无性系植株间的固定搭配（扩大遗传基础）；

③便于施工、管理；

④无性系间的生长和产量可以统计比较（降低系统误差）。

（3）苗木准备

营建种子园时可以先嫁接后定植，也可以先定砧后嫁接。另外，对于实生苗种子园要用超级苗，同时还要考虑到补接和补植的问题。要根据具体的建园方式和用苗时间及用苗数量准备好苗木。

（4）整地与定植

整地形式有大穴、水平或反坡梯田，与造林整地形式相同；定植有单株无性系、群状实生苗等形式。

6. 种子园管理

种子园管理的主要目标是保证和增加种子产量，提高种子的遗传品质。种子园管理的主要技术内容包括土壤管理、病虫管理、促进开花和辅助授粉、树体管理、去劣疏伐和技术档案。其目的是提高种子产量，改善种子品质。

（1）土壤管理

土壤管理包括改善土壤的理化性质、调整根系分布以保证养分供应，有效提高产量；还包括花芽分化前的深根断根；在土壤或叶子养分分析基础上的合理施肥；利于保水保肥的地表管理及适宜的灌溉。

（2）病虫管理

病虫管理关系到种子的产量和质量，是种子园管理的重要内容。

（3）促进开花和辅助授粉

采用树干的局部环割或束缚等方法促进开花或在种子园花粉不足时采用喷粉器、纱布袋、风力灭火器搅扰等方法进行辅助授粉。

（4）树体管理

目的是降低结实层方便采摘果实，改善光环境提高种子产量。树体管理的方法有树干截顶、整形修剪等。

（5）去劣疏伐

去劣疏伐种子园经营中提高种子遗传品质及产量的措施。去劣疏伐的主要依据有：自由和控制授粉子代遗传表现；无性系结实能力；无性系间的花期同步状况；单株所在位置；无性系生长和抗病虫、逆境能力。

（6）技术档案

①文字档案。种子园规划设计书、技术合同、管理和技术报告、研究论文等。

②图面档案。种子园总体规划图、各配置区的无性系配置设计图、优树收集图、子代测定林等有关设计和定植图等。

③表格档案。优树登记表、优树与无性系编号表、无性系生长和结实调查与登记表、无性系花期调查和统计表等。

（三）良种采穗圃营建与管理

1. 良种采穗圃的概念

采穗圃是大量生产无性繁殖材料（接穗或插条）的专门圃地。良种采穗圃是为优良无性系造林提供插条和种根的采穗圃，它是用经过测定、遗传品质确实优异的无性系或实生优良植株建成的。建立采穗圃进行良种生产的优越性体现在：穗条集约经营，大幅度提高繁殖系数；采取优化措施，降低成熟与位置效应；采取修剪、施肥等措施，可保证穗条生长健壮、充实，提高繁殖成活率；集中管理，方便病虫害防治以及穗条采取；避免穗条长途运输、保管，随采随用，保证成活率。

2. 良种采穗圃建立

选择作业方便、条件优良的圃地，为采穗圃生产奠定基础。适时整形修剪，将幼化控制贯穿于采穗圃经营的全过程。加强水肥管理，保证种条质量，延长采穗圃使用寿命。合理密植，提高单位面积的穗条产量与效益。块状定植，标志清楚，避免品种或无性系混杂。

3. 良种采穗圃管理

良种采穗圃管理的主要内容包括土壤管理、采穗母树的整形修剪和复壮。土壤管理与种子园土壤管理基本相同，采穗母树的整形修剪主要是为了改善光环境，提高穗条的产量和质量。林木品种复壮可采用根茎萌条法、反复修剪法、幼砧嫁接法、连续扦插法、组织培养法等退分化返幼复壮结合茎尖培养、理化处理病毒等方法达到复壮的目的。

二、种实的采集与调制技术

（一）林木发育与结实

种子和林木是森林培育的物质基础，除了地衣、苔藓、蕨类等低等植物外，植物类群中的高等植物包括被子植物和裸子植物，都必须经过开花、传粉和受精作用才能产生种子，利用种子繁殖后代，使其生生不息。育苗造林中所谓的林木，都属于此类种子植物，而且都是木本种子植物。那么植物种子为什么能够用来繁殖后代？这是由种子的形态构造决定的。从植物学的观点出发，种子是由胚珠发育而成的繁殖器官，因而种子应具有完整的胚，是幼小植物的缩影。从林业生产的角度来看，种子的含义相对比较广泛，播种用的种子和果实统称为林木种子或林木种实。

要了解林木结实规律，首先了解林木发育过程。林木结实年龄受多方面因素影响有所差异；花芽分化导致林木开花结实；林木结实有自身的规律性，同时环境条件作为林木结实的受控因素对其影响很大。

1. 林木发育阶段

从种子萌发到林木死亡这个大周期中，从种子经营观点出发，通常将林木分为下列不同生长发育阶段：

（1）种子时期

由合子形成到种子发芽。

（2）幼年时期

从种子发芽到第一次开花结果。这一时期以营养生长为主，为生殖器官的形成积累有机物质和矿质营养，是林木个体建造的重要时期。

（3）青年时期

从林木第一次开花结果到结实量大幅度上升，是林木生长发育逐渐成熟的时期。这个时候，母树以营养生长为主逐渐转入与生殖生长相平衡的过渡时期。

（4）壮年时期

从林木结实量大幅度上升到结实量大幅度下降，是林木结实盛期，也是采种的最佳时期。

（5）老年时期

从林木结实量大幅度下降到林木死亡。

2. 林木结实年龄

①林木开始结实的两个先决条件。其一是林木必须达到一定的年龄；其二是林木必须

达到一定的个体大小。也就是说，林木结实既受林木遗传基因的控制，同时也受林木营养水平的控制。

②不同树种林木开始结实的早晚和持续时间长短差异十分明显。

③同一树种在不同立地条件下开始结实的早晚与持续时间长短差异也较为明显。表明林木生物学特性和环境条件的适应关系对林木结实的早晚和持续时间长短也有一定程度的影响。

④树种的耐阴性不同。结实的早晚和持续时间长短有所差异，一般喜光、速生的阳性树种开始结实早，喜阴、生长缓慢的树种开始结实晚。开始结实时间，油松要 7 ~ 10 年，落叶松要 14 年左右，云杉要 50 ~ 60 年。

⑤林木起源不同。结实的早晚和持续时间长短也有差异：人工林比天然林结实早，因为人工林相对环境条件好，比如红松的人工林 20 年结实，而天然林需要 80 ~ 140 年开始结实。

⑥出于各种原因，林木营养生长发育不能正常进行，会造成林木提前开花结果，这是一种不正常现象，林业上称之为"未老先衰"。

3. 林木花芽分化与种子形成

（1）林木花芽分化概念

个体生长发育到一定程度，营养物质积累到一定水平，有良好环境条件，有激素的诱导作用，顶端分生组织要分化成叶芽和花芽，这一过程称为花芽分化。树木在早年其体内激素优先用于营养生长，经过若干年后，营养生长下降，分生组织中的激素才能积累到足够高的水平引导分生组织的分化，也就是能够达到导致开花的临界浓度，这时才能开花。

（2）林木花芽分化时间

多在开花结果前一年夏季到秋季之间。如油松雄花花芽分化期是 7 月上旬至 8 月中旬，雌花花芽分化期是 7 月中旬至 8 月中旬，第二年 5 月上旬开花受精，第三年春天受精后的球果开始发育。有些树种的林木，花芽分化在春季完成，有些树种一年多次花芽分化。

（3）种子形成受控因素较多

受精过程、胚胎发育、杂种夭折、杂种不育等都影响种子的形成。

4. 影响林木结实的因素

林木结实有自身的规律性，从花芽分化、开花、传粉、受精到形成种子的一系列生长发育过程中，林木结实要受母树自身条件的影响。但外界环境因子对林木结实的影响也很重要，当某一环节受到阻碍时，必然会影响到种子的形成，影响结实的数量和质量。总结内外因素，影响林木结实的主要影响因素可归纳为如下六个方面：

（1）林木个体自身生长发育情况

林木个体自身生长发育情况是开花结果的基础。从林木生长发育的阶段性看，林木总是要经过一定年龄，达到一定个体大小，营养物质积累到一定水平才能开花结实，在开始结实的早期阶段结实量小，随着年龄的增长结实量逐渐加大，壮年时期结实量最大最好，这一时期也是最佳采种时期，进入老年时期结实量明显下降。

不同树种结实情况大有不同。同一树种不同林分的结实也有差异。即使是同一树种同一林分的不同林木个体之间，可能出于遗传原因或局部环境原因，林木个体的生长发育状况也有差别，表现在开花结实的能力上常有很大差别。

（2）土壤条件

土壤水分条件对林木结实有很大影响。适时适量的土壤水分供给有利于花芽的形成和果实的发育。如果在开花传粉后，子房开始膨大期间，正遇土壤干旱又不能及时灌溉供水，会引起落花落果，或造成果实发育不良，种粒小，不饱满，种子发芽率低。同一树种，在湿润土壤上的母树种子，要比干旱土壤上的种粒大，质量好。在干旱的造林地区常会出现林木提早结实现象，这是由于水分供应不足，加速林木细胞液浓度的提高而引起的，属于不正常现象，这种母树上的种子不宜用于育苗造林。

土壤肥力问题也在很大程度上影响林木结实。土壤肥力状况，可以影响林木同化器官的形成，有效积累营养物质，促进花芽分化，满足开花和形成种子所需的营养物质。土壤肥力高的林分，林木个体生长健壮，种子产量高，质量也较好。土壤肥力差的林分中，林木生长缓慢，树干矮而弯曲，林木个体生长发育状况不良，结实量低，种子质量差。

另外，土壤结构和土壤酸碱度也会不同程度地影响林木结实。土壤、水肥等条件可以通过施肥、灌溉、间种绿肥、细致整地、除草松土等措施得到改善，进而促进林木生长发育，提高林木结实量。

（3）光照条件

光照是林木重要的生活因子。充足的阳光有利于光合作用的进行，有效地积累碳水化合物等营养物质。光是热能的主要来源，能有效提高地温，使土壤微生物活动旺盛，以释放矿物质营养，供应树体养分需要，所以充足的光照有利于树体的营养积累，促进花芽分化和种子的形成。

孤立木、林缘木由于受光充足，光能利用率高，光合作用的产物积累较多，因而进入正常结实的年龄较早，结实量大，种子质量也高。

林分密度影响林内光照情况，因而种实的产量和质量也会有很大差异。郁闭度小的林分光照充足，土壤温度较高，土壤微生物活动旺盛，林地枯落物中矿物质营养释放多，林木光合作用效率高，营养条件好，树冠大，结实量多且质量好。而郁闭度较大的林分，枝条重叠，树冠受光不足，光合作用降低，导致花芽分化不良，致使林分的结实量不多。

同一林分不同林木个体由于分化导致个体发育状况有差异，占据林冠上层的接收光照条件好，结实情况就好。有些个体生长发育弱，处于林冠层以下，光照不足，结实量低或不结实。即使是同一林分同一林木个体的不同部位由于受光不同，结实量也不同。接收直射光的树冠上方和阳面结实量多，而树冠背阴面结实量少。

坡向对林木结实也有一定影响。山区林分生长在不同坡向，接收的光照强度不同，林分结实量有明显差异。一般分布在阳坡、半阳坡的林木，由于光照时间长，温度也较高，母树的同化作用旺盛，营养积累也好，林木开始结实比阴坡早，结实量也高，质量也比阴坡好。

（4）温度条件

同一树种生长在不同地区个体种子质量、数量、结实规律有所差异。生长在温暖地区的林木，由于生长期长，生长发育条件较好，所以林木开始结实早，结实的间隔期短，又因种子发育和积累营养物质的时间长，形成的种子种粒饱满，种子产量高，质量好。

不同树种开花结果对温度有不同要求。不同林木开花对温度有一定的要求，如果温度满足不了，则不能正常开花。在花芽分化期，如果平均气温较高，会提高母树枝叶细胞液的浓度，促进蛋白质的合成，而有利于花芽形成。如红松开花需要气温稳定在17℃～18℃，华北落叶松需要春季5℃以上积温值等于或大于170℃时才能开花、授粉。

温度剧烈变化对开花结果的影响：如果在花期遇到低温害，不仅会推迟花期，还会使花大量死亡，果实发育期遇上低温，会使幼果发育缓慢，种粒不饱满，或不能成熟，导致种子减产，质量下降。

（5）降雨、风、传粉对开花结果的影响

开花时期，如遇连续下雨，花粉会被雨水冲走，柱头上的糖分和其他物质也会被冲掉，而此类物质是花粉发芽所必需的。因此，花期多雨，会妨碍花粉发育，多雨天气还限制了昆虫的活动，影响虫媒花授粉，空气湿度过大的天气，也会影响风媒花传粉，所以花期多雨对异花授粉树种结实量的影响尤为严重。夏季种实形成时期，如遇久雨不晴的天气，会影响光合作用的正常进行，光合产物减少，种子的成熟期推迟，既影响种子产量，又影响种子质量。暴雨和冰雹会对林木结实产生直接灾害，干旱少雨也会导致落花落果，降低当年林木结实量。

风利于花的授粉。但大风也会吹落花朵和幼果，影响结实量。

林木的传粉条件对种子产量和质量影响很大。从林木的开花习性看，有些树种如刺槐、泡桐等为两性花；但有许多树种是单性花，如松科、柏科、杉科等针叶树种及株类、核桃、桦木等多数阔叶树种；还有一些树种雄雌异株，如银杏、杜仲、毛白杨等树种，而且大多数树种是异花传粉，这些特性都影响林木结实。两性树相距太远，会影响传粉：凤蝶花的花粉虽然可以传播很远，但随着距离的增加，花粉飞散密度相应减小，影响授粉和受精过程，或授粉、受精不足，使子房产生的激素不够，不能调运足够的养分促进子房的膨大生长，影响正常结实。一些雌雄异株的树种，如果两性植株的比例相差太大或分布不均匀，会使传粉和受精发生困难。如毛白杨在山东和江苏，几乎全是雄株，而不能结实；在河北省又多为雌株，雄株少，也影响结实。如苏州对银杏栽培有悠久历史，但由于对雄株保护不够，而影响了银杏结实量。雌雄花比例不适当也会影响结实量。据日本人调查，落叶松结实间隔期长的原因是雌雄花比差异大，主要是雄花多，雌花少，甚至在极端情况下，只有雄花，而不能结实。雌雄异株也会影响林木结实，即雌蕊和雄蕊不同时成熟，一般是雄蕊先熟，花粉飞散时，雌蕊还未成熟，不能授粉，形成花多而无果实的现象。散生的孤立木，常因授粉不好或易形成自花授粉，种子空粒比重大，种子质量不好，播种品质差。

所以，要使林木结实良好，还要注意适当地配置授粉树。不同的母树距离不能太远，使雌雄株数比例适当，分布均匀，创造良好的传粉条件。

（6）生物因子的影响

病菌、昆虫、鸟、兽、鼠类的危害常使种子减产，同时也使种子质量下降。

（二）林木种子采集

1. 林木结实间隔期与种子生产关系

（1）林木结实间隔期的概念

在天然林或人工林中，已经开始结实的树种，因受各种因子的影响，每年结实量差异很大，有的年份结实量多，有的年份结实量中等，而有的年份结实量少甚至不结实。一般把结实量多的年份叫大年或丰年，结实量中等的年份叫平年，结实量很少或没有产量的年份叫小年或歉年。两个丰年之间的间隔年数称为结实间隔期。林木结实丰年和歉年交替出现的现象叫作林木结实周期性。

（2）产生结实间隔期的原因

不同树种结实间隔期不同，有的树种结实量非常稳定，有的树种结实量基本稳定，而有些树种结实量极不稳定。造成结实间隔期的原因除了生理的原因导致树体营养失调，限制花芽形成之外，环境条件通过营养状况对林木的结实也产生很大影响。

①林木自身调控。林木在营养生长及生殖生长过程中，自身营养重心会不断发生变化，在林木结实量丰富的年代，为了自身生命的延续，林木会通过自身的调节，将大量营养供应于种子及果实的发育，从而导致当年的花芽分化不良，使次年出现歉年。

②树体营养供应。林木经过结实大年之后，树体消耗大量养分，造成花芽分化的关键时期营养不足，花芽分化不能正常进行或不能够形成足够数量的花芽，下年就出现歉年；再者，由于养分的消耗不仅影响到花芽分化，而且造成下年结实所需营养物质不足，导致

授粉率、着果率都会降低，甚至出现落花落果的现象，影响种子产量。

③环境条件。通过影响营养物质的供应、合成、积累与分配而影响树木的结实。如水分与养分的供应不适会使花芽分化和花芽发育受到不良影响，降低结实量。

④栽培技术。为了缩短林木结实间隔期，要实行集约栽培，用科学的方法调控林分密度，加强水肥管理，更对补充丰年消耗的营养物质，合理控制每年的结实量，必要时进行适当的疏花疏果，保证树体良好的营养条件。

⑤不合理采种。丰年时林木结实量多，种子的品质也较好，应大量组织采种、贮藏，以补歉年不足。但采种时一定要使用合理的采种方法，以免人为加剧结实的间隔期现象。

2. 种子成熟

（1）种子成熟过程

种子成熟过程是胚和胚乳的发育过程，是受精后的卵细胞发育成具有胚根、胚茎（轴）、胚芽、子叶的全过程，也就是说形成植物的一个小的缩影。

种子成熟过程中，种子内部各种不同类型有机或无机物质在不断发生一系列生物化学变化，最后使种子具备种的延续和繁殖能力，也即具备发芽能力时为种子成熟。种子成熟包括生理成熟和形态成熟两个过程。

①生理成熟

生理成熟是指种胚发育到种子具备发芽能力，其特点是含水量高，内含物质处于易溶状态，种皮不致密，保护组织不健全，水分散失快，内含物质也容易损失，贮藏性能较差。

②形态成熟

形态成熟是指种子外部表现出来的特征，特点是内含物质由易溶状态变为难溶状态，树体营养停止向种子运输，种子营养物质积累结束，种皮具备了良好的保护功能，整个种子抗逆性强，耐贮藏。

真正成熟的种子具备的特点有：营养物质积累停止，内含物质不再增加；种子内含物质成贮藏状态，具有很强的抗逆性能；种皮致密而坚硬，呈现特有的色泽；种胚具发芽能力，能够发育成苗木。

（2）种子成熟外部特征

一般种子达到成熟时，球果或果实皮色由绿色变为深暗的颜色，常可依据球果或果实外部颜色的特征确定采种期。

①球果类。果鳞干燥、硬化、微裂、变色。如油松、侧柏、白皮松、杉木变为黄褐色，落叶后变为淡黄色等。

②干果类。荚果、蒴果、翅果等果皮多由绿色变为褐色，果皮干燥、紧缩、硬化。如刺槐荚果赤褐色，水曲柳、色木翅果黄褐色，榆树翅果是由绿色变为白色。

③肉质果类。果皮软化，颜色随树种变化较大。如山杏、银杏为黄色，山丁子为红黄色，小栗变为红色，桑树聚花果呈紫黑色。

（3）种子成熟的感官鉴定

成熟的果实中酸味下降，果实变甜，因为果实中的有机酸在成熟过程中转变为糖，增加果的甜味，如李、杏。有些树种的果实早期无甜味，成熟过程中淀粉转变为糖，而增加甜味，如枣。有些果实在成熟中，单宁被氧化成无涩味的过氧化物，而使涩味消失，如柿。又如香蕉等，果实成熟时，产生脂肪酸和醇的复合物而具有香味。

3. 种子采集技术

（1）制定采种期的原则

采种期主要根据种子的成熟和脱落时间来定。由于环境条件对种子的成熟有一定的影响，每年种子成熟的时间可能有所不同，所以在每年采种前，都要进行实地调查，确定适合的采种期。

一般来说，根据种子成熟期、种实构造和脱落特点采取下述原则确定采种期：

①成熟期和脱落期相一致，种子轻小，有翅或有毛，成熟后易随风飞散的种子，应在成熟后脱落前采收。如杨、柳、榆等在春末夏初成熟，4—5月。

②成熟后虽不立即脱落，但一经脱落，不易从地面采集的种子，应在种子脱落前从树上采集。如落叶松、油松、侧柏的秋果，秋季成熟。

③成熟后经较短期即脱落的大粒种子，可在成熟脱落后在地面上收集。如橡栎类、板栗、核桃、银杏等的种子。

④成熟后较长时间不脱落的阔叶树种，虽然可延长采种时期，但不能延迟太长，以免因长期挂在树上降低种子品质，如苦楝、皂荚、槐树等的种子。

（2）采种方法

采种方法是根据种粒的大小、种子成熟后脱落的特点和时间的不同，分为地面采集、伐倒木上采集和树上采集。

①地面采集。适用于种实较重、秋季成熟后即落于地面的树种，如橡栎类。另外，槭树、榆树、椴树、鹅耳枥等树种的种子有时也可在强风刮后在地面采收。常用工具为箩筐等。

②伐倒木上采集。结合伐木进行。仅适用于种子成熟至脱落期间进行伐木作业的情况下，如果夏季就很难利用伐木采收种子。

③树上采集。适用于在球果成熟后很快开裂，种子立即飞出球果而脱落的树种，如冷杉、落叶松、油松、侧柏等；果实成熟后立即脱落的阔叶树种，如杨、柳、榆、桦等；稀有树种和珍贵树种等。常用工具有登树鞋、木梯、软梯、升降机、震动机、高枝剪、采种网、采种兜等。

（3）种子登记

当一个采种单位可能采集到许多批种子时，采集地、采集树种、采种时间和采种林分状况等可能会有所区别，为了不使种子混杂，使用种单位了解每批种子的情况，合理地使用种子，需要建立种子登记制度，每批种子应该按照要求的内容分别填写种子采收登记表。

（三）林木种实的调制技术

一般种实的调制包括脱粒、净种、干燥、去翅和分级等，但并不是所有的种子类型都必须经过这些工序，有的只须经过其中的一项或几项即可。

1. 球果的脱粒

脱粒就是将种子从果实中取出的过程。球果类的脱粒，首先要经过干燥，使球果的鳞片失水后反曲开裂，脱出种子。针叶树球果的脱粒分为自然干燥法和人工加热干燥法两种。

（1）自然干燥法

采用自然条件使球果干燥脱粒的方法。球果鳞片易开裂的树种，如落叶松、油松、侧柏、云杉等树种可采用自然干燥法。具体方法是将球果摊放在向阳干燥的场院上曝晒，干燥过程中应经常翻动，晚间或阴雨天将球果迅速堆积覆盖，经 5~10d，球果的鳞片开裂，种子脱出。对未脱净种子的球果，可用棒敲打，使其继续脱出，直到种子全部脱出为止。这种方式简单易行，要求条件低，但脱粒速度往往较慢。

（2）人工加热干燥法

以人为加热措施使球果干燥脱粒的方法。球果在树上成熟期间渐渐地释放水分，对于一些树种来说，需要几个月的时间才能达到干燥脱粒的目的，采用自然干燥法脱粒也满足不了快速脱粒的要求，所以常采用人工加热干燥来缩短脱粒时间。这种方法脱粒速度快，但要求条件较高，如果干燥过程中温湿度和气体交换控制不好，易使种子受损伤，降低种子的生命力。

①干燥条件的控制。同一树种的球果干燥时，果鳞的爆裂时间绝大多数不是同时的，而是相继逐渐进行的，不同树种的球果果鳞的开裂也是一个不均匀的过程，有些树种果鳞很容易开裂。如日本落叶松、油松、侧柏、杉木等。而另外一些树种则具有较大的开裂阻力，如红松、华山松。因此，不同的树种，根据其开裂的难易程度，应采取不同的干燥措施。干燥条件主要控制干燥温度、干燥的通气措施两个方面。

②干燥方法。我国常用室内干燥法（干燥箱法）。具体方法是，在具有温度和湿度控制设备如暖气、蒸汽管或电气加热等设备的干燥室内，将球果置于干燥架上（干燥柜中），使球果脱粒。不同树种，温度不同，比如落叶松不超过 40℃，樟子松、云杉不超过 45℃，

一般干燥初期温度保持在 20℃~25℃，然后逐渐上升至允许范围内。从球果中脱出的种子，应及时放到干燥凉爽的地方。

2. 干果类的调制

干果类的调制，根据其果实含水量的不同，可分别采用晒干法（阳干法）和阴干法脱粒。荚果类树种刺槐、合欢等含水量低、种皮保护力强，可直接置于太阳下晒干，然后敲打使种粒脱出。坚果类树种橡栎、板栗、榛子等种实含水量高，种实丧失水分多则易失去生命力，宜采用阴干法干燥，摘除果皮即可。

3. 肉质果类的调制

包括浆果、核果、梨果等，如樟树、桑树、油桐、山楂、银杏等树种。这类果实的果皮肉质多汁，含有较高的果胶和糖类，容易腐烂，因而采集后须及时调制，否则会降低种子的品质。处理的方法一般多采用捣烂后用水淘洗取出种子，再去掉果皮、果肉和渣滓，摊在席子、其他铺垫物或干燥的地板上阴干，当达到适宜的含水量时即可贮藏。

4. 净种及种粒分级

种实脱粒后，需要及时净种、干燥和种粒分级。

（1）净种

去掉脱粒后种子内混杂物如鳞片、果片、果柄、枝叶碎片、空粒、土块、异类种子的技术措施。目的是提高种子的纯度，便于种子的贮藏。根据种子和夹杂物的大小与轻重，可分别采用风选、筛选或水选等方法净种。

（2）干燥

经过净种的种子，还须进行干燥，使种实内的含水量达到安全含水量的水平，即能维持种实生命活动所需的最低限度的种实含水量。不同树种的安全含水量不一样。一般含水量低的种子可在日光下晒干，如针叶树种子、豆科种子。而安全含水量高、粒小、种皮薄、成熟后代谢旺盛的种子，如杨、柳、榆、桑树等要在通风良好的地方阴干。

（3）种粒分级

把同一批种子按种粒的大小进行分级叫种粒分级。在生产上采用分级后的种子进行播种育苗以及造林都有重要意义。因为同一批种子种粒越大、越重，其发芽能力越高。种子分级后，能提高种子的利用率，出苗整齐，苗木生长发育均匀，减轻苗木分化，有利于经营管理。

种粒分级的方法，大粒种子如栎类、桃类、油桐等可用粒选，中小粒种子可用不同孔径的筛子进行分级。分级后的种子应挂上标签，分别进行包装、贮藏和播种。

三、种实贮藏技术

种子含水量决定了种实贮藏的方法。因此，根据种子安全含水量的高低，可以把种子的贮藏分为干藏和湿藏两类。

(一) 干藏法

将充分干燥的种子，置于干燥的环境中贮藏称为干藏。这种方法要求有一定的低温和适当干燥的条件。适用于安全含水量比较低的种子，如大部分针叶树种和杨、柳、榆、桑、桦、刺槐、白蜡、紫穗槐、皂荚、桃、李、杏等树种的种子。

干藏又分为普通干藏法和密封干藏法两种。

1. 普通干藏法

把经过充分干燥的种子，装入麻袋、分筐、箱、桶、缸、罐等容器中，置于低温、干燥、通风的库内（可藏于仓库、普通房间、地窖或专门的种子库房内）贮藏的方法。适用于大多数针、阔叶树种的种子短期贮藏，如秋采、冬储、春播。

2. 密封干藏法

将充分干燥到安全含水量的纯净种子，装入已消过毒的容器内并密封贮藏的方法。主要适用于需要长期贮藏的和用普通干藏法容易失去生活力的种子，如杨、柳、桉、落叶松等。这种方法使种子与外界空气隔离，因而种子能够经常保持干燥状态，呼吸作用很微弱，贮藏效果良好。

贮藏时，将种子放入玻璃瓶或铅桶、铁罐、聚乙烯容器中，装九成满，为防止种子吸湿，容器中可放入木炭、氯化钙、变色硅胶等吸湿剂，然后加盖，用石蜡、火漆黏土等密封，附以标签，置于种子库内。放置吸湿剂的数量，因树种和吸湿剂的种类而异。

长期贮藏大量种子时，为了做到安全贮藏，应建造专门的种子库。目前我国已经建造了许多低温种子库，控制温度在 $-5℃ \sim 5℃$，相对湿度在 $40\% \sim 60\%$，贮藏种子效果较好。

(二) 湿藏法

将种子置于湿润、低温、通气条件下贮藏称为湿藏。此法适用于安全含水量高的种子，如栎类、核桃、银杏、紫杉、樟树、油桐、油茶、油棕等树种的种子及杨、柳的插穗等。

湿藏期间要求的环境条件：经常保持湿润，以防种子失水干燥；适度低温，以 $0℃ \sim 5℃$ 为宜，一般不能高于 $7℃$，以防霉菌活化，抑制种子发芽；通气良好，使种子周围二氧化碳及时排出，新鲜氧气满足供给。

湿藏方法很多，主要有露天埋藏和室内堆藏法。

四、种子催芽技术

种子的休眠是种子由于内在因素和外界环境条件的影响而使种子不能立即发芽或发芽困难的自然现象。种子休眠对种子的保存是相当有利的，在林业上有重要的作用，但也会给生产带来一定的困难，如播种后发芽迟缓，或出苗不整齐。多数情况下，林木种子播种前需要经过催芽处理，即以人为的方式打破种子休眠，并促进种子出芽的处理。下面从种子休眠入手，探讨种子催芽的实质。

（一）种子休眠类型及成因

因树种不同，种子休眠程度差异很大，按照休眠的特点，可以将种子分为下列类型：

1. 强迫休眠种子

强迫休眠的种子因缺少其发芽的水分、温度、氧气以及光等条件而休眠。一旦给予适宜的发芽条件，种子就能发芽。如油松、樟子松、黑松、赤松、侧柏、落叶松、杉木、柳杉、马尾松、杨树、柳树、榆树、桦木、栎类等都属于此类。

2. 非强迫休眠（生理休眠）种子

非强迫休眠种子出于种种原因本身不具备发芽条件，在给予适宜水分、发芽温度、氧气和光照条件后，种子仍不能萌发，还要求特殊处理。如红松、铁杉、银杏、圆柏、白皮松、油棕、鹅掌楸、水曲柳、椴树等。造成种子非强迫休眠的原因比较复杂，总的来说可分为种皮的机械障碍、种子含萌发抑制物质和生理后熟等原因。

（1）种子的种（果）皮透（水、气）性与机械障碍

一种是由于种子（包括果皮）坚硬致密，透性差或不透水（硬实）。这一类型树种的种子一般都有一个坚实而不透的种（果）皮，也有一些种子种皮有油脂、蜡质等而使种子不透水、不透气，即使给予适宜的发芽条件种胚也不能发育，而导致种子休眠。如刺槐、相思树、皂荚、合欢、核桃、山桃、山杏、山楂、漆树、沙枣、花椒、圆柏等。使种子透性不良的原因因树种不同而异。

另一种是由于种皮阻碍气体交换，氧气渗透率低。种子要发芽，内部的有机物质生物转化是最基础的条件，是种子发芽所需能量的源泉。当然，不同树种的种子发芽时物质代谢的途径和对能量的基本要求是不完全一样的，但种子缺氧或氧气不足是普遍现象。

（2）胚后熟

这一类型树种的种子需要在比较潮湿、低温条件下经过一段时间完成后熟过程才能解除休眠。这一类型树种的种子可依据情况分为两种，其一是由于胚的器官发育不完善（形

态后熟），一个完整的胚相当于一个成年植物的缩影，但是有些植物如银杏、七叶树、卫矛等，种子成熟时，胚发育不完善，需要经过一段时间，胚发育才能完善；其二是胚发育已经完善但就是不具备发芽能力。许多树种的种子，如苹果、梨、桃、杏等，需要在低温、潮湿环境条件下经过几周到几个月才能完成后熟过程。这一类型树种的种子，一般只有采用低温层积的方法，才能获得满意的效果。

（3）种子含抑制物质

红松、白蜡、扁桃等林木种子由于种子各部分含有抑制发芽物质而不能发芽。近几年来通过内源抑制物质的研究已判明，在相当数量的植物种实中，含有种类繁多的萌芽抑制物质，如脱落酸、香豆素、乙烯、芥子油以及某些酚类、醛类、有机酸、生物碱等。这些物质能抑制胚的代谢作用，使胚处于休眠状态。

（4）二度休眠

已经解除休眠的种子，遇到不适宜的发芽条件，如缺氧、高二氧化碳、高温、光暗等，就再度回到休眠状态，再发芽时必须再次解除休眠。

（二）解除种子休眠的途径

依据种子休眠类型的不同，采取相对应的解除休眠的方法。对于强迫休眠的种子，解除休眠的方法就是给种子创造适宜的种子萌发条件；对于种子的种（果）皮透（水、气）性与机械障碍引起的休眠，胚后熟引起的休眠，种子含抑制物质引起的休眠属生理性休眠，须采取催芽的办法打破休眠；对于二度休眠的种子须二度打破休眠。

（三）种子催芽

1. 种子催芽的作用

在育苗工作中，播前进行种子催芽是苗木生产中的一项重要技术措施。

从种子休眠的类型分析，强迫休眠的种子，较易发芽，而生理休眠的种子，出于上述四个方面的原因，发芽较难。催芽的目的主要就是消除生理休眠的三大障碍：种皮、胚和抑制物对发芽的阻碍。因此，催芽的主要作用是：软化种皮，增加透性，使种子在低温条件下，氧气溶解度增大，保证种胚呼吸活动时所必需的氧气，从而解除休眠；消除抑制种子发芽的物质，如红松种子所含的抑制物质经催芽后消除；对生理后熟的种子，如银杏，经过催芽，胚明显长大，完成后熟后，种子即可发芽。

2. 种子催芽的方法

常用的催芽方法有层积催芽和水浸催芽两种。

（1）层积催芽

把种子和湿润物混合或分层放置，促进其达到发芽程度的方法叫层积催芽。

（2）水浸催芽

用一定水温的水浸泡种子，使其达到发芽程度的方法。不同树种催芽的水温、催芽时间不同。

①冷水浸种。经过干藏的种子，在播种前要浸种。浸种时间长短因贮藏期长短和树种而异。浸种能刺激种子增强新陈代谢作用，提高种子活力，播种后出苗快而且齐壮，有明显的增产效果。

②热水浸种。水温为40℃~60℃。不耐高温的种子宜低，而种皮厚、耐高温的种子宜高些。

③高温浸种。水温70℃~90℃。可用于种皮坚硬、致密、透水性很差的种子。

（3）其他方法催芽

用化学药剂、微量元素、植物生长激素、物理方法均可解除种子休眠，增强种子的内部生理过程，促进种子提早萌发，使种子发芽整齐，幼苗生长健壮。

3. 关于低温层积

低温层积是林业生产使用最广泛、效果最好的催芽方法，可以适合于各林木种子。

（1）低温层积的原理

第一，种子在层积过程中解除休眠。通过层积软化了种皮，增加了透性，特别对于渗透性弱的种子，萌动时氧气不足，不能发芽。低温条件下，氧气溶解度增大，可保证种胚在开始呼吸活动时所必需的氧气，从而解除休眠。第二，低温层积过程中可使内含物发生变化，消除导致种子休眠物质，同时可增加内源生长刺激物质，利于发芽。第三，一些生理后熟的种子，如银杏、七叶树在低温层积过程中，胚明显长大，经过一定时间，胚即长到应有的长度完成其后熟过程。第四，低温层积过程中，新陈代谢的方向与发芽方向一致。研究资料表明，山楂种子积层中，种子内的酸度和吸胀能力都得到提高，同时通过低温层积，提高了水解酶和氧化酶的活性能力，并使复杂的化合物转变为简单的化合物。

（2）低温层积的技术要素

首先，是一定的低温条件。低温积层催芽首先要求有一定的低温条件，不同树种要求的低温条件有所差异，多数树种为0℃~5℃，极少数树种可达6℃~10℃。因为这样的温度条件下，利于消除种子休眠，同时种子呼吸弱，消耗氧分少。层积中若温度过高，使种子处于高温、高湿的环境中，种子呼吸的强度大，消耗养分多，又容易腐烂；若温度过低，种子内部的自由水就会结冰，种子就会受冻害，因而层积中，温度一般应略高于0℃为宜。

其次，应保持一定的湿度。经过干藏的种子水分不足，催芽前应进行浸种，浸种的时间因树种不同而异。一般为1~3d，种皮坚硬的种子如核桃为4~7d。为保证在催芽过程中所必需的水分，其介质必须湿润。适宜的介质湿度，以沙子为例，含水量60%为宜。若用湿泥炭，含水量可达饱和程度。

再次，应考虑通气条件。种子在催芽过程中，由于内部进行这一系列的物质转化活动，呼吸作用较旺盛，需要一定量的氧气，同时呼吸作用会放出一定量的二氧化碳，需要及时排出，因而低温层积中必须有通气设备。

最后，应考虑催芽天数。要取得满意的催芽效果，低温层积催芽应有一定的时间，催芽时间太短达不到目的。以元宝枫种子为例，用低温层积催芽 30d、15d 和对照，发芽率分别为 95%、72% 和 13.5%。低温层积催芽所需的时间因树种不同而差异很大。现有资料表明，强迫休眠的种子一般为 1~2 个月，非强迫休眠的种子需 2~7 个月。

（3）低温层积的具体操作方法

低温层积催芽一般多在室外进行，故又叫露天埋藏。其具体方法是：选择地势高燥、排水良好、背风向阳的地方挖坑，坑的深度应依据当地的土壤冻结深度而定，原则上要在地下水位以上，而且应保证种子在催芽期间所需要的温度范围。山西北部一般为 60~80cm，山西南部一般为 50~60cm。坑的宽度一般为 0.8~1.0m，坑的长度依所需催芽的种子数量而定。坑底铺 10~15cm 的湿沙层或河卵石或做专门的木支架，在其上仍要铺 10~15cm 的湿沙层。

如果是干种子，在催芽前先用温水浸种，并进行种子消毒，然后将种子和沙子按 1∶3 的比例（容积）混合或分层放入坑内，其厚度一般为 40~50cm 为宜，过厚上下温度不均匀。当种沙混合物放到距坑沿 10~20cm 为止，其上覆沙，最后用土培成屋脊形，坑的周围挖小排水沟。

催芽期间要定期检查，如果发现温度和湿度不符合条件时，应及时调节。如果在播种前种子发芽强度未达到要求时，可于播种前 1~2 周取出种子进行变温层积催芽，即把种子层积于自然湿润环境下催芽。当露胚根和裂嘴种子之和达到种子总数的 20%~30% 时，即可播种。

第二节　苗圃建立及苗圃作业

一、苗圃分类

（一）以育苗用途和任务分类

根据苗木的用途和任务可将苗圃分为森林苗圃、防护林苗圃、园林苗圃、果树苗圃、特用经济林苗圃、教学及实验苗圃。森林苗圃的任务是以培育用材林苗木为主，苗木的年龄一般较小，为 1~3 年生苗；防护林苗圃是以培育各种类型防护林用苗为主，苗木年龄一般较大，年龄范围也较大；园林苗圃是培育城市、公园、居民区、道路等绿化所需，苗木种类多、年龄大，且要求有一定的树形，有时还专门有花圃。果树苗圃以培育果苗为主，多采用嫁接苗；特用经济林苗圃用以培育特用经济树种用苗，如桑苗、油茶苗、油橄榄苗、枸杞苗、花椒苗等；教学及实验苗圃是专供教学和科研用的。另外，许多苗圃并非功能单一的苗圃，同时生产多种用苗，这类苗圃可称为综合苗圃，也可以其主要功能命名。

（二）以权属分类

按照苗圃所有权可将苗圃分为国有苗圃、集体苗圃、个体苗圃。国有苗圃一般面积都较大，技术力量强，生产苗木种类多。大型的固定苗圃多属于这一类。集体苗圃多是根据地方和集体的需要建立的，有固定的，也有临时的，生产的苗木相对较少但能结合本地的需要。个体苗圃一般是临时的，有时是为满足某项任务用苗而建立，其设置完全以经济效益为主，一旦育苗无纯收入，苗圃地将转为他用。

（三）以使用年限分类

按使用年限可分为固定苗圃和临时苗圃。固定苗圃又称永久苗圃，其特点是使用期限长，连续育苗可长达十余年乃至几十年；一般面积较大，便于集约经营和机械作业；便于安装现代化的灌溉设施；生产苗木种类较多；能充分利用投资及先进的生产技术，大批量生产苗木；有利于开展科学研究工作，有利于培养技术干部和技术工人。临时苗圃是为完成某一地区林木栽培任务而临时设置的苗圃，当完成任务或土壤肥力严重消耗不宜育苗即停止使用。其特点是使用年限较短；距林木栽培地近，避免苗木长距离运输，易于降低栽培成本和提高成活率；生产的苗木对栽培地立地条件适应性强；苗期管理及保护工作方便；但常常由于无条件进行科学的肥水管理和保护措施，致使苗木的产量较低和质量较差。

二、苗圃地选择条件

苗圃作为培育各种苗木的基地，要以最低的消耗培育出最优质、最高产的苗木，就必须对苗圃经营管理条件及自然条件进行深入细致的调查了解，对经营及自然条件进行全面的分析研究，以选择最适的地块做苗圃地。特别是固定苗圃因使用期限长显得更为重要。若苗圃地选择不当，就会给育苗工作带来不可弥补的损失，不仅达不到苗木优质高产的目的，且会浪费大量人力、物力、财力。因而无论何种苗圃，都必须因树因地制宜，认真选地，确保苗本优质高产。

（一）经营条件

①苗圃宜设在造林地的附近或其中心地区。苗圃的设置应以林木栽培地为中心或靠近林木栽培地为原则。使培育的苗木对林木栽培地的立地条件有较强的适应性，同时又可避免长距离运输对苗木造成的失水干燥和机械损伤，确保苗木质量，提高林木栽培成活率。

②苗圃要尽量设在交通较方便的地方，以利于运输育苗所需生产资料。尤其是一些固定的、大批量生产优质苗木的大型苗圃，一方面能保证苗木在最短的时间内运往林木栽培地；另一方面又能较容易获得先进的育苗技术及育苗信息、育苗资料和育苗材料，同时又容易赢得客户，提高苗圃经营的经济效益，也给苗圃职工提供一个便利的生活条件。

③距居民点较近的地方，便于招用季节工人和解决职工的住房问题。有条件的地方，苗圃的设置还应考虑尽量靠近林业机构，以及时获得技术指导和信息指导。

（二）自然条件

1. 地形

地形对苗圃地的光照及温度情况影响极大，苗圃地的条件应该使苗木在生长过程中能获得充足光照。同时应该使苗木能获得合理的温度，特别是昼夜温度变幅不能过大。如在山西 1500m 海拔以上的地区，东南坡向温度高，昼夜温差变幅小，适宜做苗圃地；而在西北坡向上，由于秋季易遭西北风为害，同时温度较低且温度昼夜变幅大，不适宜做苗圃地。一般情况下，固定的大型苗圃应设置在排水良好、有灌溉条件的平坦地或 10°~30° 的缓坡地上。若因条件限制只能在坡度较大地方建立苗圃时，应注意进行水平耕作或修筑水平梯田，还应选择利于苗木生长发育的坡向。北方高寒地区应特别注意冻拔及霜对苗木生长的危害；南方温暖地区应特别注意阳光直射、土壤干燥，使幼苗易产生枯萎的问题。培育耐旱、喜光的树种如刺槐、麻栎、臭椿、苦楝等苗木，应选择东及东南坡向，阳光充足，日照时间长，苗木生长健壮；培育比较耐阴的树种如杉木、云杉、冷杉、银杏等苗木，应选日照较短的东北向坡为宜，以利于阴性树种的生长。

为保证苗木质量，下列地形条件切忌不能做苗圃地：寒流汇集、积水的低洼地；光照过弱的山谷地；风害严重的风口地；岗脊地、重盐碱地；山区雨季易发生山洪、泥沙堆积的地段；平原雨季易受大雨淹没的地段。上述地形条件通常温度低、昼夜温差大、光照弱、通风不良且易遭受各种自然灾害，严重影响种子发芽和苗木生长发育。河滩和湖滩上的苗圃，应选用历年最高水位以上的地段。

2. 土壤

土壤直接为林木种子发芽、插穗生根及苗木生长发育提供所需要的养分、水分和空气，土壤条件的好坏直接影响苗木产量和质量。因而土壤是壮苗生产的重要条件，土壤条件的优劣可从以下五个方面得到反映：

（1）土壤水分

土壤水分对种子发芽、插穗生根及苗木生长发育具有直接而重大的影响。土壤过于干燥，种子的发芽过程不能正常进行，插穗的"活命根"不能从土壤中获得足够的水分和养分。种子的发芽率及成苗率低，苗木根系发育不正常，常常主根长、侧根短而少；插穗根系发育不良，成苗率低。土壤过湿，通气状况不佳，育苗成苗率低或苗木地上部分易徒长，根系发育弱，甚至烂根引起病虫害，茎根比值大，秋季苗木不能及时木质化，易受早霜和低温的灾害，从而影响林木栽培成活率。土壤水分适宜苗木主根粗而短，侧根发达，茎根比值小，苗木地上部分生长发育均衡，发育良好。因而苗圃地应保持合适的土壤含水量，若土壤过于干燥或超过田间持水量状态，应采用人工手段进行调节。

（2）土壤结构及质地

团粒结构的土壤，其保水保肥力强，通气、透气、透水性好，且温热条件适中，有利于土壤微生物活动和有机质分解。临时苗圃应尽量选择有团粒结构的土壤，无团粒结构的苗圃地，应增加有机肥，促进土壤团粒结构形成。

就土壤质地而言，土壤过黏，其结构差、透气透水性差、温度常较低、地表易干燥、易板结开裂，不利于苗木出土及生根。雨后泥泞不便作业、耕作困难，起苗时容易伤根，难以培育优质高产的壮苗；沙土贫瘠干燥、透水透气性虽好，但营养元素缺乏，水分不足，肥力低而又易出现旱象，保水保肥性能差。因而苗木易受旱害甚至引起风蚀和沙埋。夏季地表温度高易使苗木受灼伤，因而一般沙土不宜做苗圃地。随着现代技术的发展，培育低需肥树种如油松、樟子松、赤松、沙枣、花棒、锦鸡儿、红柳、刺槐、沙棘等树种时，在沙土已得到改良的情况下，也可使用沙地育苗。一般来说，砂质壤土和轻质壤土育苗最佳，因为这两种质地的土壤结构疏松，透水透气性能良好；水分条件适宜；土温较高，养分条件较好，利于土壤微生物活动；利于根系呼吸；耕作及起苗都比较省工省力。同时这两种质地的土壤，由于透水透性良好，降雨时充分吸收降水，地表径流小，灌溉渗水均匀，有利于幼苗出土和根系生长发育，有利于优质高产壮苗的培育。

（3）土壤肥力

土壤肥力高的条件下，才能以较低的消耗培育出适应性强、抗逆性强的优质苗木，为林木栽培成活、成林、成材打下坚实基础；在瘠薄的土壤上，由于养分缺乏而苗木生长不良、适应性弱、抗逆性差，林木栽培成活、成林困难。因而在选择苗圃地时，应尽量选择肥力高的土壤。

（4）土壤酸碱度

土壤酸碱度对许多营养元素的可溶性有很大影响，从而在相当大程度上影响苗木生长和发育。不同树种适宜土壤酸碱度不同，pH 值过高或过低，都会使苗木生长不良、抗性减弱，甚至死亡，导致育苗工作失败。多数阔叶树种以 pH 值为 6.5~7.5，中性或微碱性为宜，多数针叶树种以中性或微酸性为宜；较重的盐碱土，一般不用来育苗，因为盐分过多，提高了土壤溶液浓度，使苗木系不易吸收水分和养分，且碱土中含有碳酸钠、硫酸氢钠等，对植物有很大毒害作用，很多树种不能忍受土壤中所含的这种盐分，只有少数树种如苦楝、刺槐、侧柏、臭椿、白榆等在含盐 0.1% 以下时尚能生长。

苗圃土壤 pH 值达到 7 时，各种营养元素的溶解性较高，许多营养元素的有效性也最大，但猝倒病发病也很严重。当 pH 值在 6.5~7.5 范围时，最适合于硝化细菌活动，能使养分供给苗木生长，pH 值过高，不利于硝化细菌活动，利于猝倒病发生，同时利于和苗木争夺养分的真菌大量繁殖发展，对苗木生长不利，且毒害苗木的物质比较多。微酸性土壤，抑制了对苗木有害的微生物繁殖，利于苗木生长。但若 pH 值过低，pH 值<4.7 时，土壤中的营养元素就不易被苗木吸收利用，且有些营养元素容易被淋失，如 pH 值≤5 时钾就易被淋失，pH 值过高或过低，都不能使磷肥发挥作用。

（5）地下水位

地下水位过高，土壤容易盐渍化，会使苗木生长发育不良，造成徒长，苗木质量差、木质化不良，易受寒害及生理干旱；地下水位过低，苗木不能有效利用地下水，抗寒、抗旱、抗病虫害能力差。只有在地下水位合适的条件下，苗木才能有效利用地下水，又不致造成徒长，木质化程度优良，各种抗逆性强。一般沙土地下水位 1~1.5m 为宜；沙壤土地下水位 1.5~2.0m 为宜；轻壤土地下水位 2.5m 为宜；轻黏土地下水位 4m 为宜。

最后确定用什么样的土壤做苗圃地，还应考虑树种，如油松、马尾松、刺槐、桦木对土壤肥力要求不高，以沙壤土为宜。而杉木、核桃、杨树、泡桐、落叶松则要求土壤肥沃，应选用轻（黏）壤土。

3. 水源

水分是苗木生长发育的必需因子，也是培育优质高产壮苗的最重要条件之一。因而选择的苗圃地应具备一定的水源条件，以利于苗木生长发育过程中进行灌溉。这样，苗圃地最好选设在靠近河流、湖泊、池塘和水库的地方；如无这些水源条件，应该考虑是否可以打井灌溉，打井时还应考虑地下水的矿化度。同时需要注意，苗圃地也不可离河流、湖泊、池塘和水库过近，以防地下水位过高，不利于苗木培育。

4. 病虫害及动物危害状况

避免选用病虫害和鸟兽危害严重的地方建苗圃。选苗圃地之前要进行病虫害调查工作，在实际工作中应坚持"防重于治"的原则。选择苗圃地时，应详细地进行苗圃地病虫害调查，发现土壤中地下害虫数量很多或感染病菌严重，应及早采取各种技术措施，以防蔓延，在未消灭以前不宜用作育苗地。

三、苗圃区划及设施

（一）苗圃生产区

苗圃生产区包括各种苗木生产区和采条母树区，科研项目较多的苗圃还可设置科研试验区。

（二）苗圃辅助用地的设置原则

1. 道路网

面积较大的苗圃，由于运输和工作的需要，应设置主道、副道、步道和周围圃道。注意减少辅助用地面积。

2. 排灌系统

灌溉系统和排水系统。灌溉方法分为侧方灌溉（用于高床和大田式作业）、漫灌（用于低床育苗）、喷灌和滴灌。前两种方法一般需要有固定的灌水渠道。现在一般采用喷灌和滴灌，灌溉效率高、质量好，便于控制灌溉定额，而且占地很少，大大提高土地利用率。

（三）防风林带

①降低风速，减少地面蒸发和苗木蒸腾量，改善林带内的小气候。

②防止风蚀表土。

③冬季增加积雪。

④忌选和育苗病虫害有关的，是苗木病虫害中间寄主的，是苗木传染病源的。

⑤应用常绿树种比较理想。

（四）建筑物和场院

苗圃建筑物包括办公室、宿舍、仓库、种子贮藏室、苗木分级室、机车室等。圃内场院包括晾晒场和积肥场等。建筑物一般应设在土壤条件较差地段。大型苗圃办公室应尽量设在苗圃中央，便于生产经营管理。要注意苗圃的辅助用地面积按国家规定应控制在总面积的20%~25%以下。从当前社会经济发展来看，在苗圃规划设计过程中，应尽量控制和减少辅助用地面积，以提高土地利用率。

四、苗圃作业

（一）整地

1. 整地的意义

整地能改善土壤的理化性状，促进土壤的风化过程，提高土壤营养元素的有效性，使土壤中的潜在肥力发挥作用，以达到调节土壤中水、养、气、热的作用，并能起到消灭杂草和病虫害的作用。现分述如下：

（1）提高土壤供水能力

土壤经过耕作之后，耕作层疏松，并切断了耕作层土壤的毛细管作用。一方面，大大减少了土壤水分的蒸发量，防止了因土壤水分蒸发而造成的下层土壤盐分上升；另一方面，增加了土壤孔隙度，提高了土壤的透水性能，能较大限度地吸收降水，减少地表径流。同时能提高土壤的持水量，给土壤保水保墒提供了良好条件，这一作用对干旱地区尤其重要。

（2）促进气体交换

耕作层土壤疏松，孔隙度增加，使土壤的通气性能提高，土壤内外气体易于交换，给好气性土壤微生物活动创造了良好条件，有利于有机质的分解和土壤养分的释放，对黏土效果尤为明显。土壤气体交换条件的改善，有利于二氧化碳和其他有害气体排出，提高苗木附近大气二氧化碳含量，利于苗木进行光合作用。同时也有利于苗木根系呼吸的正常进行。

（3）促进土壤风化

土壤耕作后，在北方，土壤垡块可在冬季经过冻垡、晒垡；在南方，土壤可经过曝晒，均有促进土壤风化、加速土壤有机质分解及释放潜在养分，提高土壤营养元素有效性的作用，从而相对提高了土壤肥力。

（4）改善土壤的温热条件

土壤耕作以后，土壤中含水量相对增加，空气相对增多。因为水的热容量大，空气又是热的不良导体，从而使土壤温热条件发生变化。全天内温度变幅减小。这种温热条件的变化有利于根系生长发育，又不至于夏日由于太阳的强烈辐射、地表温度过高而使苗木发生日灼害。

（5）改善土壤结构

土壤耕作配合施用有机肥料，能形成水稳性的团粒结构。这种水稳性的团粒结构与土壤肥力较为密切，特别是在西北干旱地区的砂质壤土上，水稳性团粒结构的存在能够增加土壤的保水保肥能力,往往是土壤肥力提高的标志之一。即使在黏质土壤上,由于疏松多孔,大小孔隙搭配得宜,既有利于通气透水,又有利于保水保肥,也是提高土壤肥力的重要因素。同时,这种结构的土壤有利于根系呼吸和林木生长。

(6)消灭杂草和防除病虫害

秋季土壤耕作后,使表层的杂草种子、虫卵、病菌孢子一起翻入土壤深层,将其消灭。对于怕低温进入土壤深层越冬的害虫,可随耕作被翻到土壤表层或表面,被鸟类啄食或被冻死。

2. 整地的主要环节

(1)耕地

又称为犁地,是整地环节中最主要的环节。耕地季节:北方在秋季耕地效果最好;南方在秋冬季耕地效果最好。耕地深度对整地效果影响最大,对土壤的通气性、透水性、水分状况和养分供应以及对根系的分布深度等都有直接影响。一般播种苗生产区的耕地深度以 18~25cm 为宜;移植苗区和插条苗区因根系分布较深,在一般的土壤条件下耕地深度以 25~35cm 为宜;在沙地的耕地深度可比上述浅些;盐碱地为了防止返盐碱,耕地深度要达到 40~50cm。

(2)耙地

耕地后进行的表土耕作环节。耙地的作用是耙碎垡块,覆盖肥料,平整地面,清除杂草,破坏地表结皮,保蓄土壤水分。耙地的时间:北方地区一般为早春时期(冬季积雪,保蓄水分,所以秋耕后不耙地);南方地区一般在秋季随耕随耙。

(3)镇压

目的是破碎土块,压实松土层,促进耕作层的毛细管作用;在干旱地区春季耕作层土壤疏松,通过春季镇压能够减少气态水的损失。对于保墒(土壤是否能够保住水分的状况)有较好的效果。

(二)苗圃施肥

1. 苗圃施肥的必要性

施用有机肥,能给土壤增加有机质和各种营养元素。同时将大量的有益微生物带入土中,加速土壤中无机营养的释放,还能改善土壤的通透性和气、热条件,给土壤微生物的生命活动和苗木根系生长创造有利条件。

2. 苗圃施肥的时期与方法

圃地施肥必须合理,有条件的地方可以通过土壤营养元素测定来确定施肥种类和数量。

为林业苗圃后期施肥要视苗情合理施用，强壮苗可少施，弱势苗可多施。施肥种类最好以磷、钾肥为主，尽量不施氮肥，以防苗木徒长。

（1）基肥

耕地进行前撒于圃地；以腐熟的有机肥为主，将有机肥和无机肥料混合或配合施用圃地，应施足基肥。基肥可结合整地、作床时施用，以有机肥为主，也可加入部分化肥。施肥数量应按土壤瘠程度、肥料种类和不同的树种来确定。一般每亩施基肥 5000kg 左右。幼苗需肥多的树种要进行表层施肥，并加施速效肥料。

（2）追肥

一般用速效肥料。分为土壤追肥和根外追肥两种，主要为补充基肥之不足，可根据需要在苗木生长期适时追肥 2~4 次。追肥应使用速效肥料，一般苗木以氮肥为主，对生长旺盛的苗木在生长后期可适当追施钾肥。

土壤追肥时间对追肥效果影响很大，其深度应掌握达到苗木主要根系分布层为宜。早春是苗木根系生长时期，需要磷和氮，所以早施磷肥和氮肥能促进根系生长提高苗木质量。幼苗对磷和氮敏感，如果不足会影响生长。追肥以早为宜。第一次土壤追肥，应在幼苗期的前期或中期较好。以后的追肥时间宜在幼苗期的后期和苗木速生期的前半期，因为苗木在速生期的生理代谢作用最旺盛，地上地下生长量最大，需要的肥料最多。生产上采用的追肥方法有沟施法、浇灌法和撒施法。从措施和效果来看，许多肥料用沟施法的效果好。其他方法由于不便于将肥料埋于土中，所以肥料损失较大。土壤追肥次数因苗圃地土壤的保肥情况和苗木生长情况而异，总的来说 2~5 次。

根外追肥是用速效化学肥料的溶液喷于苗木的叶子上的施肥方法。因为叶子是苗木制造碳水化合物最重要的器官，肥料喷到叶子上很快就会渗透到叶部的细胞中去，通过光合作用制造碳水化合物，最后形成苗木需要的营养物质。主要特点是：吸收快，喷后 20~30min 至 2h，苗木就开始吸收，且节省肥料可达 2/3；一般在亟须补充磷、钾或微量元素时应用；溶液浓度不宜过高，以免烧伤苗木；根外追肥一般要喷多次，尤其是短期（2 日内）遇到降雨情况。

3. 关于施肥的几个原则

①依天施肥。要依据育苗施肥时的天气情况，采取适宜的施肥方法、技术和时间，避免肥料损失，提高施肥效果。

②依土施肥。根据苗圃的土壤养分情况，缺什么元素就施什么肥（酸性沙土磷钾供应不足）。质地较黏的土壤通透性不好，一般施肥应使用有机肥，以改善土壤的物理性状；沙土有机质少，保水保肥能力较差，也要施有机肥。酸性土壤要选用碱性肥料，碱性土壤宜选用酸性肥料。

③依苗施肥。不同树种的苗木，生长发育过程中所需肥料的种类和数量有很大差异，

应依据苗木培育过程中对养分的吸收量、利用量、归还量及循环规律进行施肥。

④多种肥料可配合使用，如氮、磷、钾和有机肥料混合使用，以获得较好的施肥效果。

⑤有机肥料是维持土壤肥力效果的最好的肥料。长期使用大量的化学肥料会使土壤的物理性质恶化。化学肥料使用过多，可以造成土壤板结，破坏土壤内部的空间结构，自然地力趋于下降。同时，在施肥过程中，其深度一定要达到苗木主要根系分布层。

（三）轮作与绿肥

1. 连作与轮作

某些树种对某种元素有特殊的需要和吸收能力，在同一块圃地上连续多年培育同一树种的苗木容易引起某些营养元素的缺乏，致使苗木生长不良，降低抗性；长期培育同一树种的苗木，给某些病原菌和病虫害造成适宜的生活环境，使之容易发展。

2. 轮作的必要性

①能够充分利用土壤肥力。

②防除病虫害和杂草。

③改良土壤效果显著。以苗木和绿肥植物或牧草轮作效果最好，有些绿肥植物的根系吸收能力强，能吸收利用难溶性的矿物质，故可增加可溶性养分，促进土壤养分活化，并防止土壤养分流失。

轮作的主要效果在于增加土壤有机质；绿肥和牧草能提高土壤含氮量，将空气中的氮固定到土壤中；抑制圃地上盐碱上升；改善土壤结构，提高土壤保水保肥能力；可增加可溶性养分，促进土壤养分活化，并防止土壤养分流失。

3. 轮作方法

①苗木与绿肥植物轮作。施绿肥是种植一些植物（绿肥植物，Green Manure Plants），待其长大后再把这些植物翻入泥中让其腐烂，以释出养分，青葙、太阳麻、油菜花等都是绿肥植物。

②苗木与农作物（根系留在土壤中）轮作。

③不同树种的苗木轮作（抗病虫害，选择无共同病虫害的苗木进行）。

第三节　播种育苗

一、苗木种类及壮苗

凡是在苗圃中培育的树苗，无论年龄大小，在苗木出圃之前均叫苗木，对于萌芽力强的树种，把树干切掉时，成为切干苗。

（一）苗木种类

依据育苗所用的材料和方法，可把苗木分为实生苗、营养繁殖苗和移植苗。

1. 实生苗

指用种子繁殖的苗木。其中以人工播种培育的苗木叫播种苗，包括1年生和多年生（无论移植与否）播种。在野外由母树天然下种长出来的苗木叫野生实生苗。

播种苗由于经过人工培育，根系发达，苗冠圆满，苗木生长整齐、健壮、质量好。野生实生苗的根系不发达，根量比较少，偏根偏冠现象较明显，苗木分化现象较严重，质量较差，但苗木对造林地适应性较强。

2. 营养繁殖苗

指用乔灌木树种的枝条、苗干、根、叶、芽等营养器官做繁殖材料培育的苗木，非种子繁殖，即非实生。营养繁殖苗也有野生苗，同时，营养繁殖苗又可分为：

①插条苗。是截取树木的一段枝条插入土壤中培育而成的苗木。

②埋条苗。是将整个枝条水平埋入土壤中，培育而成的苗木。

③插根苗。用树木的根，插入或埋入土中育成的苗木。

④根蘖苗。又叫留根苗，是利用在地下的根系萌发出的新条与育成的苗木。

⑤压条苗。把未脱离母体的枝条压入土中，或在空中包以湿润物使之生根，而后切离母体培育成的苗木。

⑥嫁接苗。用嫁接的方法培育的苗木，多用于经济树种的育苗。

⑦插叶和组织培养繁殖苗。

3. 移植苗

是实生苗或营养繁殖苗经过移植后培育成的苗木。

（二）壮苗

壮苗是优良苗木的简称。壮苗生命力旺盛，抵抗各种不良环境能力强，造林后能较早恢复创伤，造林成活率、保存率高，幼林生长较快。因而，壮苗是造林最理想用苗。苗木是优是劣，目前我国主要是依据苗木的形态指标来衡量的，从形态指标来讲，壮苗应具有以下条件：

①苗木根系发达，侧根和须根数量多，主根短而直，主、侧根均有一定的长度。

②苗木粗而直，上下较均匀，有一定的高度，木质化程度高，色泽正常。

③苗木的根茎比值（苗木地下部分与地上部分鲜重之比）大，且地上部分和地下部分

重量都大。

④苗木无病虫害、日灼伤和机械损伤等。

⑤萌芽力弱的针叶树种：如油松、冷杉等苗木，应有发育正常而饱满的顶芽。如果失去顶芽，苗木就不能形成通直的苗干，影响造林质量。顶芽无显著的秋生长现象。壮苗必须具备上述条件，否则不能算壮苗。如果根系过短、侧根过少或无侧根，机械损伤严重的苗木，受冻害和病虫害严重的苗木，萌芽力弱的针叶树种，无顶芽的苗木都应视为废苗，不能用于造林。

二、播种苗的培育技术

用种子繁殖的苗木称为播种苗。播种苗有完整的根系和饱满的顶芽，对环境条件适应性强，后期生长快，材质好，寿命长，能形成稳定的林分，多数树种适于播种育苗。

（一）育苗方式

育苗方式有苗床育苗和大田育苗两种。

1. 苗床育苗

常用的苗床有高床和低床两种。

（1）高床

高床指床面高出步道的苗床。高床的优点是排水良好，增加肥土层厚度，步道可用于侧方灌溉和排水，床面不易板结，能提高土壤温度。缺点是作床费工，成本高。适用于易积水的凹地和降水较多或气候寒冷的地区。多用于不耐水湿树种，如落叶松、红松、云杉、冷杉、樟子松、油松等针叶树和部分阔叶树，可防积水淹苗。

（2）低床

低床指床面低于步道的苗床。低床的优点是利于保持土壤水分，便于灌溉，但灌水后易使土壤板结，通透性差。一般用于降水较少、无积水的干旱地区，或培育对土壤水分要求不严的树种，如大部分阔叶树和部分针叶树种（侧柏、松类等）。

2. 大田育苗

大田育苗分为高垄和平作两种。

（1）高垄

垄高 10~20cm，垄底宽 50~80cm，其有高床的优点，苗木质量高，便于机械育苗，效率高，省劳力，但产量低。

（2）平作

不作床垄，将田地整平后进行育苗。一般采用多行式带状。它能提高土地利用率和单位产苗量，便于机械化作业，但灌溉和排水不便。

（二）播种前种子处理

播种前种子处理的目的是促进种子发芽，预防病虫和鸟兽害。种子处理主要包括种子精选、种子消毒和种子催芽环节。

1. 种子精选

为了培育壮苗，就必须在播种前对种子施行精选。可以利用风筛、水筛和筛选法，大粒种子可进行粒选。精选的种子出苗率高，幼苗出土整齐，苗木粗壮，造林成活率高。

2. 种子消毒

为预防苗木发生病虫害，播种前要进行种子消毒。消毒药剂主要有福尔马林、硫酸铜、高锰酸钾和敌克松等。

3. 种子催芽

根据种子休眠的类型，强迫休眠种子的催芽相对简单，生理休眠的种子催芽则较为复杂。常用的催芽方法有层积催芽和水浸催芽两种。

（1）层积催芽

把种子和湿润物混合或分层放置，促进其达到发芽程度的方法叫层积催芽。对于生理休眠的种子采用层积催芽效果较好。

（2）水浸催芽

用一定水温的水浸泡种子，使其达到发芽程度的方法。强迫休眠的种子可采用这种方法。不同树种催芽的水温、催芽时间不同。

（3）其他方法催芽

用化学药剂、微量元素、植物生长激素、物理方法均可解除种子休眠，加强种子的内部生理过程，促进种子提早萌发，使种子发芽整齐，幼苗生长健壮。

无论何种方法催芽，一般催芽强度，即裂嘴和发芽的种子达20%~30%时即可播种。

（三）播种

1. 播种季节

在育苗工作中，各地应依据育苗树种的生物学特性及当地的自然条件，选择最佳的播种期。北方地区春播、夏播、秋播均有，以春播较为普遍。南方冬季也可播种。

2. 播种量和苗木密度

播种量是指单位面积或长度上所播种子的重量。苗木密度是指单位面积或长度上的苗木数量。播种量是决定合理密度的基础，它直接影响单位面积上的苗木产量和质量。播种量过多不仅浪费种子，增加间苗工作量，而且苗木营养面积小，光照不足，通风不良，使苗木生长细弱，主根长，侧根不发达，降低苗木质量。播种量少达不到合理密度，苗间空隙大，使土壤水分大量蒸发，杂草容易侵入，增加抚育管理用工，提高苗木成本，特别是针叶树幼苗太稀时，阳光太强容易灼死。一般合适的播种量应根据种子千粒重、净度、发芽率和损耗系数等进行计算。

3. 播种方法

播种方法有条播、撒播和点播三种。

（1）条播

是按一定行距将种子均匀地播到播种沟里，是应用最广泛的方法。其优点表现为：苗木有一定的行间距离，便于土壤管理、抚育保护和机械化作业；比撒播省种子；行距较大，使苗木受光均匀，有良好的通风条件，生长质量较好；起苗工作比撒播方便。此方法适用于一切树种。

（2）撒播

将种子均匀地播种到育苗地上的播种方法。其主要优点为：分布均匀，苗木产量较高。缺点表现为：不便于土壤管理等工作；苗木密度大，易造成光照不足，通风不良，使苗木生长不良，有时会降低苗木抗性，甚至使苗木质量下降；撒播的用种量较大。除极小粒种子（如杨、柳、桉、桑、泡桐、马尾松种子）外一般不采用该方法。

（3）点播

是按一定的株行距将种子播于播种沟内的播种方法。一般只适用于大粒种子，如核桃、板栗、山桃等。

4. 播种技术要点

播种技术要点主要包括开沟、播种、覆土、镇压。做到播种的深度一致，分布均匀，覆土适当，下实上虚。它们直接影响到种子发芽、幼苗出土、苗木的产量和质量。

（1）开沟

沿播种行开沟，沟要直，沟底要平，深度要均匀一致，深度依种粒大小、土壤条件和气候条件而定。

（2）播种

播种要均匀，应按行或床计划好播种量。避免漏播或大风天播种。

（3）覆土

播种后应立即覆土，以防播种沟内的土壤和种子干燥，覆土厚度均匀一致。一般覆土厚度为种子长度2~2.5倍。土壤黏重的播种地，可用沙子、腐殖土、锯末等覆盖。

（4）镇压

为使种子和土壤紧密结合，使种子充分利用毛细管水，在气候干旱、土壤疏松或土壤水分不足的情况下，覆土后要进行轻镇压，但要防止土壤板结。

（四）育苗地管理

育苗地的管理是指从播种开始，幼苗出土直至苗木出圃整个时间播种育苗的管理工作。

1. 播种地的管理

主要指从播种开始到幼苗出土为止这一时期的管理工作。目的在于播种后给种子发芽和幼苗出土创造适宜的条件。具体包括：

（1）覆盖

保蓄土壤水分，减少灌溉量，防止因土壤水分蒸发而造成土壤板结现象，减少幼芽出土的阻力；同时可以起到增温作用，缩短出苗期；塑料薄膜覆盖效果最好。

（2）灌溉

适宜的温度和水分是发芽的两个主要条件。播种地在幼芽未出土前有时需要灌溉。是否要灌溉及灌溉的次数，主要决定于种粒的大小、当地的气候、土壤条件及覆土厚度和覆盖与否。

（3）松土、除草和病虫害防治

播种地土壤板结，应立即进行松土；适时除草并防止病虫害发生。

（4）沙地播种育苗要设风障

防止风吹覆土，沙打幼苗。

2. 苗期管理

主要指从幼苗出土时开始，至幼苗出圃这一时期的苗木管理工作。苗期管理的主要内容有灌溉与排水、中耕、适时间苗和幼苗移植、灾害性因子的防除、截根和苗木越冬保护。

（1）灌溉与排水

在苗圃中主要采用的灌溉方法有漫灌、侧方灌溉、喷灌和滴灌。

漫灌。又称畦灌，多用于低床（畦）和大田平作育苗。漫灌优点是省水，但灌后土壤易出现板结，通气不良，灌后应及时松土。

侧方灌溉。适用于高床和高垄作业，水分从侧方浸润到苗木和高垄中，优点是床面不易板结，地温高，通气好，缺点是耗水量大，中间不易通气，灌溉不均匀。

喷灌。又称人工降雨，有机械和人工喷灌两种。其优点是省水，省工，便于降温，可以降冻，可以洗碱，而且减少田间沟渠，提高土地利用率，是目前我国比较先进的灌溉方法，但一次性投资较高。

滴灌。在一定低压水头作用下，通过输水、配水管道和滴头，让水一滴滴地浸滴苗木根系范围的土层，使土壤含水量达到苗木需要的最佳状态。其优点是比以上三种方法均省水，而且灌后土壤疏松，温差小，有利于苗木生长，但投资高，设置较复杂，广泛应用于塑料大棚和温室育苗。

排水。指排出圃地的积水，是育苗工作中防涝和防除病虫害的重要措施。我国南方多雨，要注意苗圃的排水工作，北方较干旱，但也要注意雨季的排水问题。

（2）中耕

中耕作业主要包括作物行间除草、松土、培土和间苗等内容。及时中耕，可以消灭杂草，蓄水保墒，提高地温，促使有机物的分解，为作物生长发育创造良好环境。

（3）适时间苗和幼苗移植

在播种育苗中，往往出现苗木过密或出苗不整齐、密度不均匀的情况。密度如果过大，由于光照不足，通风不良，每株苗木营养面积不够，使苗木生长细弱，会降低苗木质量，还易引起病虫害。所以苗的密度过大时，必须去除一部分苗木，称之为间苗。间苗时要注意间苗时间、间苗对象和间苗强度。间苗宜早不宜迟。间苗对象为受病虫害的、机械损伤的、生长不良和不正常（霸王苗）的幼苗。间苗强度不宜一次过大，一般分为2~3次进行。

幼苗移植。一般用于种子很少的珍贵树种，也可用于生长特别迅速，要在幼苗期进行移植的树种，有时为调节苗木密度而补苗也用幼苗移植。掌握苗木移植最佳时期，因树种而异。一般选在阴雨天，且移植后要及时浇灌，必要时进行遮阴。

（4）灾害性因子的防除

幼苗时期，苗木非常幼嫩，很易遭日灼、霜冻、病虫等危害，严重影响苗木的质量和产量，所以必须做好苗期的保护工作。

防除日灼危害。有些树种，如落叶松、云杉、杨树等幼苗出土后，常因太阳直射，地表温度增高，使幼嫩的苗木根颈处呈环状灼伤，或朝向阳光方向倒伏死亡。这样的日灼危害常采用遮阳和喷灌的方法降温防除。遮阴主要在幼苗期进行，要适宜，遮阴过重，影响苗木光合作用强度，降低苗木质量；喷灌降温在高温时期既能降温又能提高空气相对湿度和土壤湿度。

防止霜冻害。苗木尚未木质化时，组织幼嫩，含水也较多，常因气温短时间内降低到0℃以下而使细胞间隙的水分结冰，细胞脱水，苗木枯萎死亡。霜冻害主要是早霜和晚霜。主要通过育苗技术措施、熏烟、喷灌等方法预防霜冻。

病虫害的防治。苗圃常见病虫害有猝倒病、根腐病、蚜虫、地老虎等，因此在育苗过程中要特别加强病虫害的防治工作。防治病虫害应遵循"防重于治"的原则。科学育苗，培育出有抗性的壮苗。一旦发现病虫害，应及时用药剂治愈。

（5）截根

当年生苗木秋季截根时其高生长停止，15℃有利于截根形成愈伤组织和发新根。截根是为了限制主根生长，促进苗木多生侧根和须根以获得发达根系使苗木生长健壮。截根时间、深度因树种而不同，一般应在苗木当年进入休眠前1~1.5个月进行。

（6）苗木越冬保护

首先，我国北方地区，冬季气候寒冷，春季风大、干旱，气温回升很快，越冬苗木常遭冻害；其次，生理干旱是造成苗木越冬死亡的另一个重要原因，生理干旱在我国北方地区最严重，一般发生在早春因干旱风的吹袭，苗木地上部分失水太多，地下部分土壤冻结，根系不能供应水分，苗木体内失去水分平衡而致死；最后，还有地裂伤根也常常引起苗木越冬死亡。

越冬保苗的方法。针对以上苗木越冬死亡常用的预防措施有：

一是覆盖。到了冬季，用稻草、落叶、马粪、塑料薄膜、土壤等在苗行或将苗木全部覆盖起来，进行保暖防寒。覆土防寒就是用土埋苗防寒的措施。它既能保温，又能保持土壤水分，且简单经济，是最常用的方法。一些极易患生理干旱的苗木，如红松、云杉、冷杉、油松、樟子松、核桃等常用此法防寒。

二是灌水和排水。对生理干旱不太严重的苗木，于土壤结冻前，灌1~2次水，即可预防生理干旱。但对容易遭受冻拔害的苗木，应在苗木生长后期停止灌溉，注意排水。此外，还可利用设防风障和架暖棚等方法保护苗木越冬。

（五）1年生播种苗的当年生长发育规律及育苗技术要点

依据播种苗的生长发育状况，可将1年生播种苗分为出苗期、幼苗期、速生期和苗木硬化期四个时期。

生物在不同的生长阶段，各部分的生长及其对环境条件的要求各不相同。苗木的生长也是如此，对于1年生播种苗而言，从播种—苗木出土—苗木生长结束，苗木在不同生长阶段，地上、地下部分生长特点不同，导致其对环境条件的要求各不相同，各时期育苗工作的中心任务和育苗技术要点也各不相同。

1. 出苗期

苗木的出苗期是从播种开始到幼苗出土，地上部分出现真叶，地下部分出现侧根时为止。这一时期苗木的生长发育特点表现为：

①无真叶，不能进行光合作用，苗木自身没有制造营养物质的能力；

②无侧根，吸收营养物质的能力差，地下部分生长快，地上部分生长慢；

③刚出土，抗逆性很弱。

出苗期育苗的中心工作和任务是促使苗木出土，这个时期是保证育苗成功的重要阶段,根据实践经验,这个时期的中心工作要做到促使苗木出土达到早、多、齐、匀。

可结合出苗期苗木的生长发育特点和此时期育苗的中心工作与任务采取相应的育苗技术:

①要使苗木出土早,播种前应进行催芽;

②要使苗木出土多,播种前应进行细致整地、作床;

③要使苗木出土齐,保证播后覆土厚度均匀并注意轻镇压;

④要使苗木出土匀,下种要均匀、适量;

⑤此时苗木无真叶、无侧根、刚出土、抗性弱,所以须适时适量浇水,播前施足基肥,播时适量施用种肥;

⑥注意病虫害的防治,连续育苗地发生过病虫害的土壤,在播种前应进行土壤消毒。

2. 幼苗期

幼苗期是苗木幼嫩时期,从幼苗地上部分出现真叶,地下部分出现侧根开始,至幼苗的高生长量大幅度上升时为止。这一时期苗木的生长发育特点表现为:

①出现真叶、侧根,幼苗开始进行光合作用制造营养物质;

②叶子数量不断增加,叶面积逐渐扩大;

③地上部分的生长由慢转快;

④幼苗还比较弱小,抗逆性还较差。

幼苗期育苗工作和中心任务是保苗并促进苗木根系生长发育,给速生期打下良好基础。

幼苗期的育苗技术要点:

①适时适量浇灌;

②幼苗对磷、氮元素比较敏感,开始施用磷、氮肥;

③进行间苗和定苗;

④幼苗抗性弱,注意做好病虫害的防治工作,特别注意苗木的猝倒病。

3. 速生期

速生期是苗木生长最旺盛的时期。是从苗木高生长最大幅度上升时开始,到高生长最大幅度下降时为止。这一时期苗木生长发育特点表现为:

①叶子数量和叶面积都很快增加,生长量达最大值;

②地上部分及地下部分生长量均最大,生物量也最大;

③根系发达、枝叶茂盛,已形成了发达的营养器官,根系能吸收较多的水分和各种营养元素;

④地上部分能制造大量的碳水化合物。

速生期育苗工作的中心任务是促进苗木的生长发育,提高苗木质量及合格苗产量。

速生期育苗的技术要点：

①对苗木的肥、水管理应当适时适量；

②及时中耕松土，保证土壤的良好通透性；

③速生期前期应追肥 2~3 次，到后期要及时停止施用氮肥及灌溉；

④及时防治病虫害，以利苗木健康生长。

4. 苗木硬化期

苗木硬化期是苗木地上、地下部分充分木质化，进入休眠的时期：从苗木高生长量大幅度下降开始，到苗木直径和根系生长停止时为止。硬化期苗木生长发育特点表现为：

①高生长速度急剧下降，不久高生长停止，继而出现冬芽；

②直径和根系都在继续生长并会出现一个小的生长高峰；

③苗木体内含水率逐渐降低，干物质逐渐增加，营养物质逐渐转入贮藏状态；

④地上、地下部分完全木质化；

⑤落叶树种苗木落叶，进入休眠期。

苗木硬化期的主要工作和中心任务是促进苗木木质化，防止徒长，提高苗木各种抗逆性。

硬化期育苗技术要点：

①凡能促进苗木生长的一切措施都应停止；

②促使苗木的木质化，前期要适量施用钾肥；

③采取截根等措施，减少苗木对水分、养分的吸收，促进苗木木质化；

④进行越冬防寒工作。

总之，1 年生播种苗各个生长时期的生长特点差异很大，应当依据各个生长时期的不同生长特点采取不同的育苗技术措施，保证育苗技术措施的科学合理运用，从而获得优质高产的苗木。

三、营养繁殖育苗

（一）营养繁殖苗培育的意义

①有利于优良品种和类型的繁殖。依据孟德尔遗传变异理论，种子繁殖常常发生性状分离，树种的优良特性和品质不能稳定遗传给后代，而营养繁殖苗可以解决这一问题，可以将母树的优良品质稳定地保留下来。

②营养繁殖苗可以提早开花结果，从发生学讲，营养繁殖苗的发育阶段母体营养器官的延续，发育年龄相对较大，因而可以提早开花结果。

③可以利用营养繁殖进行高接换头，改变同种雌雄异株的性别；可以随意确定和控制树种高度与树冠形状；可以为北方冬天增加常绿阔叶树种。

④对于不容易得到种子的树种，采用营养繁殖正好可以克服这一缺点。

⑤出于发育方面的原因，营养繁殖苗生长发育快，栽培初期幼林生长发育也较迅速。

⑥营养繁殖苗培育技术简单易行。

⑦营养繁殖苗有时因材料不足而使育苗工作受到限制。

⑧林木衰老早，成林后生长发育状况不如种子林。

（二）营养繁殖育苗的方法

林木育苗中常用营养繁殖育苗的方法有以下七种：

1. 插条法

插条育苗是截取林木的苗干或枝条的一部分做育苗材料进行育苗的方法。适宜于大多数树种，且方法最简单。插条可在当年生带叶枝条和落叶后枝条上截取。

2. 插根法

截取乔灌木树种的根，插入或埋入土壤中，使其生根发芽的繁殖方法。一般用于根蘖萌发力强的树种，如泡桐、山杨、漆树、板栗、刺槐等。

3. 埋条法

截取母树1年生枝条，横卧埋入土中，使其生根发芽的繁殖方法。一般用于插条育苗成活率低的树种，如毛白杨、泡桐等。有时埋条也带根，叫埋苗。

4. 压条法

把生长在母树上的1年生或2年生枝条部分埋在潮土中，使生根后再断离母体，继续培育成一棵独立的新植株的方法。可借助母体的养分、水分，适于难生根或生根时间长的树种，如桑、樱桃、龙眼、荔枝和桂花等。压条法的成活率较高。

5. 嫁接法

将两个不同个体的植物接合在一起，长成为一个个体的方法。该法多用于种子园的建立和花木的培养。毛白杨就可用嫁接法。

6. 根蘖法

苗木出圃后，地里留下很多断掉的幼根，有些树种的根易形成不定芽（如毛白杨、泡桐和刺槐等），进而形成植株，利用这种特性繁殖苗木的方法叫根蘖法。但此法培育的苗木参差不齐，苗木分化现象严重，合格苗的产量较低。

7. 组织培养法

在无菌情况下，给予植物的细胞、组织或器官的生长发育所必需的物质，进行离体培养繁殖苗木的方法。多应用于花、药和经济树种优树繁殖。

通过上述方法培养出来的苗木，分别称之为插条苗、插根苗、埋条苗、压条苗、嫁接苗、根蘖苗和组织培养苗。

（三）插条育苗

插条育苗法是截取树木枝条或苗干的一部分做繁殖材料进行育苗的方法。经过截制的繁殖材料叫作插穗，用插条法培育的苗木叫插条苗。

1. 插穗成活原理

插条育苗能否成活，取决于插穗能否生根，能生根则活，不能生根则死；生根快的树种成活率高，生根慢的树种成活率低。插穗生根机理如下：

（1）皮部生根原理

林木生长发育过程中，枝条或主干皮下已形成根原始体，是特殊的薄壁细胞组成的群体，插穗插入土壤后，根原始体获得营养和氧气，在适宜的温热条件下长出不定根进而长出新根。

（2）愈合组织生根原理

绿色植物局部受伤后，具有恢复生机、保护伤口、形成愈合组织的能力；截制插穗以后，愈伤激素会大量向下切口运输，在愈伤激素的刺激作用下，形成一种初生愈合组织（具有明显细胞核的半透明、不规则瘤状突起物），形成新生长点，分化产生根原始体，插穗插入土壤后，根原始体获得营养和氧气，在适宜的温热条件下长出不定根，进而长出新根。

2. 插条育苗技术

按照枝条的成熟和木质化程度可以把插条分为嫩枝（半木质化）和硬枝（充分木质化）两种，相应地，插条育苗可分为硬枝扦插和嫩枝扦插两种。硬枝扦插应用较为广泛，这里仅介绍硬枝扦插育苗法。

硬枝扦插是用充分木质化的枝条为材料培养苗木的方法。

（1）采条

选择生长迅速、干形良好、无病虫害的幼龄树干上的萌发条，或一二年生苗的茎干。采条时间宜在秋末冬初落叶（休眠）后采集。采条过早营养物质积累不多，木质化程度不好，不利于插穗贮藏和成活；过晚则水分损失较多，特别是树液流动后，芽膨大，大量养分消耗于芽的生长，插后成活率低。

（2）制穗

种条采回后，应立即制穗。首先剪去无芽或大于 2cm 粗的基部和发育不充实的梢头，然后用锋利剪刀将种条截成 12~20cm 长的插穗。

（3）促进插穗生根的技术

为了提高插条育苗的成活率，对一些生根困难的树种，进行插穗处理。可用 ABT 生根粉或生长刺激素处理，刺激插穗愈合生根。生产上也常用浸水催根的方法促进插穗生根。

（4）扦插的技术要求

①扦插时间春、秋皆可，但以春季成活率高，多以高垄扦插。

②扦插密度一般行距为 30~80cm，株距 10~30cm。目前，扦插育苗向大株行距发展，密度因树种和环境而异。

③扦插方法以直插为好，但以插穗长短、圃地气候及土壤条件而定。插穗过长，气候湿润，土壤黏重，生根困难时，斜插有利于生根；短穗或带顶芽的插穗，干旱气候，沙壤土宜直插。

④扦插深度一般为插穗上端第一个芽与地面平，但秋插应将插穗全部插入土中，插后踏实，立即灌水，使其与土壤密接。

（5）育苗地管理

扦插后要及时灌溉，春插阔叶树须经常喷水，针叶树可少灌，以免降低土温。灌溉和降雨后应及时松土，保持良好的土壤通透性，以利生根。其他如追肥、除草和病虫害的防治可参照播种育苗部分。

3. 插条苗的年生长规律及育苗技术要点

插条苗从扦插到秋季苗木生长停止。在年生长周期中，按生长过程中各种时期的生长特点，可将插条苗划分为成活期、幼苗期与生长初期、速生期和苗木硬化期四个时期。

（1）成活期

成活期自插穗插入土壤开始到插穗下部生根，插穗上部芽子萌发放叶，新生幼苗能独立制造营养物质为止（常绿树种的插穗产生不定根）。

苗木成活期的生长特点及育苗技术：插穗无根，落叶树种也无叶，插穗成活过程中的养分及能量来源，主要是插穗自身所贮存的营养物质及其转化。插穗的水分除了自身贮存的外，主要是从插穗下切口通过木质部导管从土壤中吸收的，但这种吸收是很有限的，插穗最早生出少数根为活命根，活命根是苗木成活的重要标志。

成活期的持续期各树种之间差异很大，生根快的树种需 2~8 周，如柳树、桂柳、杨树（青杨及黑杨）2~4 周，毛白杨及夏插黄杨需 5~7 周；生根慢的针叶树种需 3~6 个月以上，最长的甚至达 1 年左右，如水杉需 3~6 周，雪松需 7~9 周。成活期苗木培育的中心任务是促进苗木生根，对于插穗未生根而已发芽发叶的情况须特别注意。

插穗由于在发芽、放叶、形成愈合组织、生根等过程中都要进行营养物质转化和旺盛的呼吸作用，需要适宜的土壤温度、水分和氧气条件，这些条件合适与否对插穗成活起着关键性作用。为了提高插穗成活率，插穗贮藏期间可采用激素类药剂处理，以促进愈合组织的形成；亦可在激素处理的同时，采用倒立催芽的办法，促进下切口尽快形成愈合组织，以便生根。提高插穗成活率，亦应设法提高土壤温度。提高土温的办法有：用地膜覆盖扦插地；于扦插地喷施地表增温剂；有条件的地方可在塑料大棚（或温室）内扦插育苗。生根困难的树种，在较高温度（25℃~28℃，很少超过30℃）、较高的空气相对湿度（80%~90%）的环境中容易生根。但针叶树种生根需时较长，在高温高湿的环境中，必须防止插穗腐烂，做好病虫害的防治工作，因而应经常进行通气降温，嫩枝插穗尤其必要。

光对常绿树中的插穗生根作用明显，凡是插穗带叶的，有适宜光照都促进生根，因而带叶扦插应给予适量光照。但要注意，光照强会使温度升高，使插穗消耗水分过多，不利于成活；叶量过多，也会使插穗过度消耗水分，不利于成活，因而插穗应留叶适量。为了提高带叶插穗成活率，一般要适当遮阴，在不降低成活率的前提下，透光度可适当大一些。经常性适量喷水是促进常绿树种和嫩枝插穗生根的关键技术措施之一。

插穗成活期适当进行松土一至数次，以保证插穗生根的良好通气条件。当然，适时适量的灌水也是必不可少的。

（2）幼苗期与生长初期

落叶树种的插穗，地上新生出幼茎，地下形成完整根系，成为幼苗期。常绿树中的地下部分形成完整根系，因已具备木质化的地上部分，但生长缓慢，故称生长初期。

幼苗期是从插穗地下部分产生不定根，插穗上端已发芽开始（常绿树中的生长初期是从地下部分已生出不定根，地上部分开始生长时起），到苗木高生长量大幅度上升时为止。

该时期苗木的生长特点：落叶树种插穗的幼苗因地下部分已有不定根，能从土壤中吸收水分和各种元素，地上部分有叶子能进行光合作用，制造碳水化合物，因而在幼苗期的前期，苗木根系生长快（根的数量和长度都增加较快），形成完整的苗木根，而地上部分则生长较缓慢。到幼苗期的后期，地上部分生长较快，逐渐进入速生期。常绿树种生长初期的地上部分和地下部分的生长过程，与落叶树种幼苗期基本相同。

插条苗扦插当年就表现出两种生长类型的生长特点。幼苗期和生长初期的持续期，不同类型的树种有所差异。前期型树种为2周左右，全期生长型为1~2个月。

该期育苗工作的中心任务是促进苗木根系生长发育，尽快形成完整而强大的根系，为苗木速生期奠定坚实的基础。

该期育苗工作技术要点：由于插穗已有根，能从土壤中吸收矿质营养，为了促进根系生长和发育，在这一时期应适量施用一些营养元素，施用的营养元素以全面为宜。幼苗娇嫩对不良环境的抵抗能力弱，应注意防止过低或过高温度危害。生根要求土壤通气条件良好，水分、养分充足，因而，还应该适时适量地进行灌溉并及时进行中耕，松土除草。灌水施肥的深度以达到苗木根系主要分布层为宜，幼苗期后期亦应继续施肥灌水，保证苗木生长的肥源水源，为速生期肥水的供应奠定良好的基础。该期苗木幼小，是许多病虫害的发生时期，一旦发生病虫害，会对育苗工作造成巨大损失，应认真做好病虫害的防治工作，切不可掉以轻心。为保证苗木的高生长，前期型的阔叶落叶树种，依据幼苗生长情况，插穗萌芽的丛生嫩枝，择优留一株。全期型树种如柳、杨树在幼苗高达 15~20cm 时，也要除掉插穗萌发的丛生嫩枝，择优选留一株。

若在温室或大棚内嫩枝扦插，在幼苗期后期应逐渐增加通风透光程度，使幼苗逐渐适应自然条件。

前期生长型树种的"插根苗"，扦插当年的苗木不表现该生长类型的生长特点，到第二年才表现出该生长类型的生长特点，采取育苗技术措施时应注意这一点。

（3）速生期

插条苗的速生期是从插条苗高生长量大幅度上升时开始，到高生长量大幅度下降时为止。速生期是决定苗木质量的关键时期。

速生期的苗木生长特点：由于插条苗当年就表现出两种生长类型的生长特点，因而前期生长类型苗木速生期短，至 5—6 月就结束，而全期生长型的树种速生期持续时间较长，北方树种在 6 月下旬（少数到 9 月上旬），南方树种到 9—10 月。

速生期育苗的中心任务是促进苗木生长，提高苗木质量。

这一时期的育苗技术要点：对于前期生长型的苗木、追肥灌溉一定要提前。在速生期前期追肥一次，追肥灌溉深度应以达到苗木根系主要分布层为宜；对于杨树、柳树等一些需要抹芽的苗木，抹芽工作应在速生期前进行。其他的育苗技术措施可参照留床苗速生期。要特别注意前期型苗木的"二次生长"问题。

（4）苗木硬化期

硬化期苗木高生长量大幅度下降，直至苗木直径和根系生长停止时为止。

硬化期苗木生长发育特点表现为：高生长速度急剧下降，不久高生长停止；苗木体内含水率逐渐降低，干物质逐渐增加，营养物质逐渐转入贮藏状态；地上部分、地下部分完全木质化；落叶树种苗木落叶，进入休眠期。

苗木硬化期的主要工作和中心任务是促进苗木木质化，防止徒长，提高苗木各种抗逆性。

硬化期育苗技术要点：凡能促进苗木生长的一切措施都应停止；采取截根等措施，以减少苗木对水分、养分的吸收，促进苗木木质化；进行越冬防寒工作。

插条苗的生长过程与埋条苗基本相同，插条苗的生长特点和育苗技术要点，同样适用于埋条苗。

（四）嫁接育苗

嫁接育苗，是将一个植株的芽或短枝条，与另一植株的茎段或带根系植株适当部位形成层间接合，从而愈合生长在一起并发育成一个新植株的方法。用作繁殖对象的枝或芽称接穗，承接接穗的部分称砧木，用该法育成的苗木称嫁接苗。

1. 嫁接成活原理

嫁接成活，主要是依靠砧木、接穗接合部位的形成层的再生能力，嫁接后首先是形成薄壁细胞进行分裂，形成愈合组织，再进一步分化出输导组织，并与砧木、接穗的输导组织相通，保证水分、养分的上下沟通，这样两种植物合为一体，形成一个新的植株。嫁接成活的主要关键，是接穗和砧木形成层的紧密结合，两者结合面愈大，愈易成活。

实践证明，为使两者形成层紧密结合，必须使接触面平滑且大，嫁接时砧、穗要对齐，贴紧并捆紧，有利于成活。

2. 影响嫁接成活的主要因素

（1）嫁接的亲和力

砧木和接穗在内部组织结构上，生理和遗传上，彼此相同或相近从而能互相结合在一起的能力。嫁接亲和力是指接穗和砧木通过嫁接能愈合生长的能力，它是决定嫁接成活的主要因素。

并非所有植物都能嫁接成活，有的不能成活，有的接活后产生种种不良现象，有的愈合体已形成，甚至已长成树，而嫁接部位还会脱落死亡，这主要是两者之间亲和力不强的结果。内在亲缘关系又是影响亲和力大小的关键，一般亲缘关系越近，亲和力愈强。种内品种间嫁接亲和力最强，叫作"共砧"（桂花嫁接桂花、板栗嫁接板栗、油茶嫁接油茶）；同属异种间，因树木种类不同而异，有些亲和力很好，如海棠×苹果、酸橙×甜橙、山玉兰×白玉兰；同科异属间，亲和力一般较小，但也有嫁接成活的组合，如枫杨×桃核、枸橘×橘子、女贞×桂花；不同科树种之间亲和力更弱，很难嫁接成功。

（2）砧、穗的生长状态及树种特性

树木生长健壮，营养器官发育充实，体内贮藏的营养物质多，嫁接成活率高，一般来说，树木生长旺盛时期，形成层细胞分裂最活跃，进行嫁接容易成活。

此外，要注意砧木和接穗的物候期，一般是砧木萌动期较接穗早的，嫁接成活率高。这是因为接穗萌动所需的水分和养分可由砧木及时供给。

（3）外界环境条件

影响愈合组织形成的条件主要有温度、湿度、空气、光线。

温度。温度高低影响愈合组织的生长，一般树种在25℃左右为愈合组织生长的最适温度。

湿度。湿度对愈伤组织的生长影响有两个方面：

①愈伤组织生长本身需一定的湿度条件。

②接穗要在一定湿度条件下，才能保持生活力。砧木有根系能吸收水分，一般枝接后

需一定的时间（15~20d），砧、穗才能愈合，在这段时间内，保持接穗及接口处的湿度，是嫁接成活的关键。

空气。空气也是愈合组织生长的必要条件之一，尤以砧、穗接口处的薄壁细胞都需要有充足的氧气，才能保持正常的生命活动。注意土壤含水量不宜过湿。

光线。光线对愈合组织的生长有较明显的抑制作用，在黑暗条件下，接口上长出的愈合组织多，是乳白色，很嫩，砧、穗容易愈合，而在光照条件下，愈合组织少而硬呈浅绿色或褐色，砧、穗不易愈合，这说明光线对愈合组织是有抑制作用的。

在生产实践中，嫁接后创造黑暗条件，采用培土或用不透光的材料包捆，以利于愈合组织的生长，促进成活。

嫁接成活的影响因素有内因和外因。内因，即在具亲和力的嫁接组合中，砧木与接穗的生活力是嫁接成活的决定性因素；外因，则是湿度在嫁接成活中起决定性作用。至于湿度与接穗生活力的关系更是非常重要的，没有一定湿度的保证，接穗很快干死，丧失了生活力，这也是生产上嫁接失败常见的原因。由此可见，湿度是影响嫁接成活的外部因素中的主导因素，无论在生产实践中，无论嫁接什么树种，用什么方法，都必须保持适宜的湿度，才能获得较高的成活率。

3. 嫁接苗培育技术

（1）枝条和砧木的选择

要繁育优良品种，接穗一定要在优良母树上选择，且母树无检疫病虫害，枝条要充实，芽要饱满：枝条一般用 1~2 年生枝。采穗期因树种、嫁接方法不同而不同。落叶树种在落叶后到发芽前 2~3 周进行。针叶树在春季母树萌动前进行，采集的接穗要存放在湿度适宜、温度较低的地方。夏季采集接穗要剪去叶片，留下 1cm 叶柄，以便检查成活率，保存期不得超过 10d，最好随采随接。

砧木要根据育苗需要选择，应选择本区适生、根系发达、生长健壮的树种，且嫁接亲和力强。要充分利用砧木某些优良特性，如抗性强、易生根等特性，以增强嫁接苗适应性。

（2）嫁接方法

目前，嫁接方法很多，有芽接、枝接、根接、靠接等。芽接有丁字形和方块形两种方法；枝接有切接、劈接、插皮接、髓心形成层对接法等。

（3）嫁接苗管理

嫁接后 10~20d 即可检查其成活与否，凡接芽新鲜，叶柄一触即落者说明芽已成活。待新梢长到 20~30cm 长时应解除绑扎物。未成活的应补接。

芽接剪砧可分两次，第一次在接口以上，留一定高度砧木代替支柱，新梢长至 20cm 以上时，绑新梢防风，等风季过后第二次剪砧。剪砧后要及时除掉砧木上的萌蘖条。枝接时，当接穗成活后，要分次将土轻轻扒开，解除绑扎物，接穗萌发后，保留一个健壮芽，其余摘除。

（五）移植育苗

移植就是把苗木从原来的育苗地换栽到另一个育苗地继续培育成苗的方法，也叫换床。经过移植的苗木叫移植苗。

1. 苗木移植作用

①扩大营养面积，促进侧须根和地径生长。未经移植的苗木密度较大，经移植的苗木是按照一定的株行距栽植的。因此扩大了苗木的营养面积，改善了通风透光条件，从而促进了苗木侧根、须根和地径的生长，提高了苗木质量。

②切断主根，减小茎根比。经过移植的苗木，主根被切断，促进了侧根和须根的生长，抑制了高生长，茎根比值（苗木地上部分鲜重与地下部分鲜重之比值）小，造林易成活。

2. 移植季节

一般主要在苗木休眠期，即在秋季苗木径生长高峰过后及春季苗木发叶前的这一段时间内进行移植。常绿树种可在生长期的雨季移植。

3. 移植密度

即苗木株行距大小。株行距过大，浪费土地，而且产量低；株行距过小，不便于经营管理，更不利于机械化经营。一般针叶树 1~2 年生苗株距 6~20cm，行距 20~30cm 为宜；阔叶树种稍大一些，株距 15~20cm，行距 60~100cm。大苗移植，株距 40~50cm，行距 70~100cm。

4. 移植苗龄

移植苗龄根据苗期生长速度而定，移植年龄过大延长育苗年限，过小移植效果不佳。

5. 苗木移植技术

（1）移植前准备

①苗木的保护。为使苗木不失水，提高成活率，应做到随起苗随分级，随运送随栽植，移植过程中保持根系湿润，切勿晒根。

②分级。在移植前对苗木要进行分级，分级的目的是将不同规格的苗木分布栽植，使栽植后苗木生长均匀，减少苗木的分化现象。

③修剪。剪去过长和劈裂的根系，一般根系长度小苗应在 12~15cm。大苗可长些。

（2）栽植技术要点

即三埋两踩一提苗。大苗穴植，小苗沟植（按预定行距开沟预定株距插入沟内）。注意：移植时保证苗木根系完整；移植前灌透底水，移植后及时灌水保持土壤湿润；适时松土以提高地温；移植深度应比原土印深1~2cm，以防止土壤下陷根系外露，也不要过深，以防根部受阴。移植时已经发芽的苗木要打掉侧枝和顶端苗梢以减少蒸腾，防止苗木过度失水影响移植成活率和当年苗木生长量。

（3）移植后抚育管理

苗木移植时，应随移随灌水，连续灌水两次以保成活。灌水后适时松土，改善土壤透性，以利于根系生长，要注意扶直苗干，平整圃地。

6. 移植苗年生长发育规律及育苗技术要点

多数移植苗是1~2年生的苗木，也有培育移植大苗的。移植苗在年生长周期中，不同生长阶段的生长特点也是不相同的，依据移植苗在年生长周期中的生长状况，可将移植苗划分为成活期、生长初期、速生期和苗木硬化期四个时期。

（1）成活期

移植苗的成活期从苗木移植时开始，到苗木地上部分开始生长，地下部分伤口愈合恢复吸收功能为止。

移植苗成活期苗木生长特点：移植时苗木根系被切断，吸收水分和养分的吸收根切掉一部分，苗木根系与原土壤之间的结构被破坏，苗木吸收水分和养分的能力大大降低，必须经过一段时间才能恢复其吸收功能，因而苗木移植之后要经过一个缓苗期。由于移植苗需要缓苗期，其高生长落后于留圃苗。但移植后苗木株行距加大，光照及通风条件得到明显改善，营养面积大大增加。未切断的根系能较快恢复吸收功能，被切断的根在伤面形成愈合组织，愈合组织及其附近萌发出许多新根，因而移植苗的茎生长量加大。成活期的持续期一般10d至1个月。

移植苗成活期育苗工作中心任务：移植苗成活期育苗工作中心任务是促进苗木受伤根系愈合并产生新根，恢复整个根系吸收功能，保证苗木成活。

移植苗成活期育苗技术要点：维持苗木体内水分平衡；促进苗木受伤根系愈合；给苗木提供适宜的通气条件；注意提供适宜的温热条件；移植时注意使苗木根系舒展，不窝根。

（2）生长初期

移植苗木从地上部分开始生长、地下部分产生新根、恢复吸收功能开始，到苗木高生长量大幅度上升时为止。

移植苗生长初期苗木生长发育特点：移植苗已度过缓苗期；地上部分生长缓慢；根系生长较快；不同生长类型的苗木生长初期的持续期差异很大；根系分布比播种苗木深；光合作用正常进行。

移植苗生长初期育苗技术要点：追肥灌水工作一定要及时进行；追肥灌水深度应达到

苗木主要根系分布层；营养力求全面；注意及时进行松土除草；做好病虫害防治工作。

（3）速生期

移植苗木速生期从苗木高生长量大幅度上升时开始，到苗木高生长量大幅度下降为止。

移植苗木速生期苗木生长发育特点：苗木高生长量最大；苗木直径生长量最大；苗木根系绝对生长量最大；苗木整体生物生长量最大；苗木根系分布比前一时期要深；苗木生长表现出两种生长类型的特点。

移植苗木速生期育苗技术要点：可以参照留床苗进行，但要注意施肥、灌水深度。

（4）苗木硬化期

开始于苗木高生长量大幅度下降时，结束于根系生长停止时。

苗木硬化期中心任务：同其他类型苗木，但要注意两种不同类型苗木经营管理对策。

苗木硬化期育苗技术要点：同其他类型苗木，同时应注意截根和及时停止一切可以促进苗木生长的措施。

第四节　苗木出圃与贮藏

一、苗木出圃

在苗圃中所培育的各类苗木，达到造林规格要求（壮苗条件）后，即可起苗出圃造林。苗木出圃是育苗工作的最后工序，主要包括起苗、分级和统计以及包装和运输等环节。

（一）起苗

起苗时注意保护好苗木，否则会使育苗前功尽弃。

1. 起苗季节

原则上是在苗木休眠期进行，即秋季落叶后到春季苗木萌动前进行。

2. 起苗技术要求

①保留根系的长度。保证苗木根系有一定长度，一般针叶树小苗根系长度为 15～25cm，阔叶树 20～40cm，插穗移植苗可长一些。

②苗木保护措施。严防根系干燥，起苗时如圃地干燥应提前灌水，起苗时应做到边起、边捡、边统计、边包装、边假植，注意保护苗茎和顶芽。

③起苗方法。有人工起苗和机械起苗。人工起苗沿苗行一侧掘苗。机械起苗质量好，工效快。

（二）分级和统计

1. 苗木分级

苗木分级的目的是保证苗木出圃合乎规格，栽植后生长整齐。分级应根据苗木分级指标，边起苗边分级。其中，以地径为主要指标，其次是苗高。

2. 数量统计

苗木产量包括Ⅰ、Ⅱ和Ⅲ级苗，统计时分别进行，废苗（病虫害、机械损伤苗）不统计产量。分级统计应在庇荫无风处进行。苗木分级统计后，要立即包装，挂好标签。

（三）包装和运输

苗木分级后，及时运往造林地，在运输过程中，要妥善包装，严防失水，如油松1年生播种苗晒10min，成活率降至30%；晒1h，成活率降至零。

运输时间越长，包装应越细致。带土坨的大苗，要单株包装，在运输过程中，要经常检查，防止苗根干燥发热。到达造林地后，若不立即造林，应马上假植。

近年来，用聚乙烯塑料袋包装，效果较好。但要防止袋内因阳光照射而发热。有条件的情况下可用冷藏车运送裸根苗，车内温度保持1℃，空气相对湿度为100%，效果也很好。

二、苗木贮藏

（一）苗木贮藏的目的

如果起苗后不能立即造林，为保护苗木免遭各种损害，须采取相应的苗木贮藏措施。苗木根系比较幼嫩，最易失水而丧失生命力，它又是苗木吸收水分的关键器官，苗木根系的好坏，直接影响造林成活率。因此，苗木的贮藏最重要的是要保护好苗木根系。

（二）苗木贮藏条件和方法

贮藏的目的是保持苗木质量，减少苗木失水，维护苗木体内水分平衡。现用的贮藏苗木方法有假植和低温贮藏。

1. 假植

起苗后，经消毒处理的苗木，如不及时栽植，就要进行假植或采用其他方法贮藏。假植有临时假植和越冬假植两种。临时假植是起苗后不能及时出圃栽植，临时采取的保护苗木的措施，假植时间较短，可就近选择地势较高、土壤湿润的地方，挖一条浅沟，沟一侧用土培一斜坡，将苗木沿斜坡逐个码放，树干靠在斜坡上，把根系放在沟内埋土踏实。越冬假植是秋季苗木起苗后来年春季才能出圃，需要经过一个冬季。应选择背风向阳、排水良好、土壤湿润的地方挖假植沟。沟的方向与当地冬季主风方向垂直，沟的深度一般是苗木高度的1/2，长度视苗木多少确定。沟的一端做成斜坡，将苗木靠在斜坡上，逐个码放，码一排苗木盖一层土，盖土深度一般达苗高的1/2~2/3处，至少要将根系全部埋入土内，盖土要实，疏松的地方要踩实、压紧。另外，如冬季风大时，要用草袋覆盖假植苗的地上部分。幼苗茎干易受冻害者，可在入冬前将茎干全部埋入土内。

2. 低温贮藏

贮藏是指在人工控制的环境中对苗木进行控制性贮藏，可掌握出圃栽植时间。苗木贮藏一般是低温贮藏，温度0℃~3℃，空气湿度80%~90%，要有通气设备。一般在冷库、冷藏室、冰窖、地下室贮藏。在条件好的场所，苗木可贮藏6个月左右。苗木的贮藏为苗木的长期供应创造了条件。

第三章　造林技术

第一节　植苗造林

一、植苗造林的特点及应用条件

植苗造林所用苗木具有完整的根系和生长健壮的地上部分，对造林地的不良环境因子（如干旱、杂草等）抵抗力较强，因此造林成活率较高；造林后幼林生长迅速，能较快郁闭成林，缩短幼林抚育年限；同时，还比直播造林节省大量种子费用。但生产过程比较复杂，育苗栽植较费工，在起苗到栽植过程中，容易造成苗木根系损伤。

植苗造林适宜在各种立地条件上及可以人工培育苗木的各种树种采用，限制条件较少。尤其在干旱、水土流失严重地区，地表植被覆盖度高及鸟兽害严重造林地，采用植苗造林更为有效。

二、苗木的准备

植苗造林一定要用合乎标准的合格苗木进行栽植，这是植苗造林成功的物质基础。各种苗木标准见第四章。

植苗造林成活的关键在于保持苗木体内水分平衡。如果苗木失水过多，生理机能遭到破坏，苗木就会死亡。所以，在整个起苗、运苗、造林过程中，一定要注意保护好苗木根系；要尽量缩短从起苗到栽植的时间，最好就近育苗，随起随栽。若从外地引进苗木，在运输途中一定要保持苗根湿润，避免风吹日晒，运到造林地后及时假植或栽植。如果土壤干燥应适量灌水。

为了保持苗木体内水分的平衡，栽植前必要时要对苗木进行处理。地上部分多采用剪梢、截干、修枝、剪叶等措施，地下部分多采用修根、浸水、蘸泥浆等措施。

截干一般是在苗木根颈3~5cm处截掉地上部分，使其重新萌发新干。在干旱地区栽植萌蘖力强的树种（如刺槐、杨树、泡桐、臭椿等）经常采用这种方法。一般是在苗圃起苗后立即进行。

修枝、剪叶是在栽植常绿阔叶树或大苗时，为了减少水分蒸腾、提高成活率而剪掉部分枝叶。

修根是修整起苗时苗木受伤的根或发育不正常的偏根和过长的根，这样既有利于包装运输，又可以防止栽植时造成窝根和根系腐烂。

浸水、蘸泥浆可使苗木根系湿润，补充损失的水分，有利于苗木成活。泥浆浓度要适当，一般以苗木蘸泥浆后泥浆能从苗根上缓缓下滴为宜。在干旱地区造林可结合蘸泥浆用 $1\%\sim2\%$ 吸水剂处理苗根，可提高造林成活率 $50\%\sim60\%$。

在造林前用 ABT 生根粉处理苗木根系，可明显提高造林成活率和促进林木的生长，尤其在干旱阳坡和盐碱地区造林值得推广。具体方法是用 3 号生根粉配制成 $10\sim25\text{mg/L}$ 的溶液，浸根 $0.5\sim2\text{h}$，也可配制成 $50\sim100\text{mg/L}$ 的溶液，蘸 $20\sim30\text{s}$。

三、造林地准备

准备工作主要包括林地清理和整地两个方面内容。

（一）造林地的清理

造林地的清理是把造林地上的灌木、杂草、竹类以及采伐迹地上的枝丫、梢头、站杆、倒木、伐根等清除干净。从而有利于整地、栽植和幼林抚育工作的进行，同时改善立地条件和卫生状况，为新造幼林创造良好的生长环境。林地清理适应于杂灌丛生、堆积有采伐剩余物不进行林地清理无法整地或整地困难的造林地。林地清理时应保留林地上的苗木、幼树。

清理的方式分为全面清理、带状清理和团块状清理三种。一般采伐迹地、杂草及竹类繁茂地以及准备进行全面整地的各类造林地可采用全面清理；灌丛地、低价值幼林地、低效林地、陡坡地和疏林地通常采用带状清理（又分窄带、中带、宽带）；稀疏低矮杂草的造林地、地形破碎的造林地适宜于团块状清理。

清理的方法有割除、火烧和化学药剂处理。割除清理就是割除杂草、灌木，清除采伐剩余物及伐根等。火烧一般和割除清理结合进行，即先把灌木、杂草砍倒晒干，然后集中火烧，也可以在杂草干枯易燃季节单独进行。近些年来，化学药剂处理在我国已开始使用，效果良好，值得推广。目前常用的化学除草剂有草甘膦、林草净、盖灌能等。

（二）造林地的整地

整地可以提高土壤肥力，有效地改善造林地立地条件，方便造林施工和提高造林质量。另外，整地也是一项简易的水土保持工程，它可以把坡面局部变为平地或反坡，改变地表径流的形成条件，有效防止水土流失。应根据林种树种、造林方式和地形地势条件选择整地方式与整地规格。

1. 整地方式

整地方式可分为全面整地和局部整地。

（1）全面整地

全面整地是将整个造林地全部进行翻垦。一般只适应于地势平坦的荒地、无风蚀危险的固定沙地、盐碱地及山区的平整缓坡和水平梯田等。

（2）局部整地

局部整地是对部分造林地土壤进行翻耕，包括带状整地和块状整地。

带状整地是在造林地上呈长条状地翻垦土壤，并在整地带之间保留一定宽度的原有植被。在山地带状整地的方法有水平带（环山水平带）、水平阶、水平沟、反坡梯田、撩壕等，平坦地的带状整地形式有犁沟、带状、高垄等。

块状整地是在种植点附近呈块状翻耕造林地。山地块状整地的方法有块状（穴状）、鱼鳞坑等，平原块状整地的方法有坑状、块状、高台（丘状、扣草皮）等。

2. 局部整地的主要方法

（1）水平阶

一般沿等高线将坡面修筑成狭窄的台阶状平面。阶面水平或稍向内倾斜，有较小的反坡；阶面宽因地区而异，石质山地较窄，一般为 0.5～0.6m，土石山地及黄土地区较宽，可达 1.5m；阶的外缘培修土埂或不修土埂；阶长无一定标准，一般 3～6m，视地形而定。施工时从坡下开始，先修第一阶，然后将第二阶的表土下填，依次类推，最后一阶可就近取表土盖于阶面。

水平阶整地有改善立地条件的作用，比较灵活，可以因地制宜地改变整地规格，如地形破碎，阶长可短。水平阶整地一般用于山地和黄土丘陵区的缓坡与中等坡。

（2）反坡梯田

反坡梯田又称为三角形水平沟，梯田田面向内倾斜成坡度较大的反坡，因荒山坡度的不同，反坡坡度为 3°～15°，田面宽 1～3m，埂外坡约 60°，内侧坡也约 60°。反坡梯田的修筑方法与水平阶相似。

反坡梯田蓄水保土、抗旱保墒能力强，改善立地条件的作用大，造林成活率较高，林木生长良好，但整地花费劳力较多。反坡梯田适用于黄土高原地区地形较平整、坡面不破碎的地方。

（3）水平沟

水平沟是沿等高线挖沟的一种整地方法。沟的断面形状多呈梯形。

水平沟的上口宽 0.5～1.0m，沟底宽 0.3m，沟深 0.4～0.6m；外侧斜面坡度约 45°，内侧坡（植树斜面）约35°；沟长4~6m；两水平沟距离2~2.5m。水平沟过长时，中间可加土埂。

挖沟时先将表土堆于上方，用底土培坡，再将表土填盖在植树斜坡上；也可以将表土层铲下培于沟的下方，然后再从沟内挖心土盖在表土上培埂，最后在内斜坡栽植苗木。

水平沟整地由于沟深、容积大，能够拦蓄较多的地表径流，沟壁有一定的遮阴作用，可以降低沟内温度，减少土壤水分蒸发，但是水平沟整地动土量大，比较费工。这种方法多用于水土流失严重的黄土地区和山地坡度较陡的地方。

（4）撩壕整地

撩壕整地又叫倒壕法、抽槽整地。撩壕整地是南方地区在栽培杉木过程中创造的一种整地方法。

撩壕整地的做法是：先顺着等高线挖长壕沟，壕沟的深度和宽度不完全相同，大撩壕宽约0.65m，深约0.5m，两壕相距2.3~2.5m；小撩壕宽约0.5m，深0.3~0.35m，两壕相距2m，壕长不限。整地时，先从山坡下部开始挖起，把心土放于壕沟的下侧做坡，待壕沟挖到规定的深度后，再从坡上部相邻壕沟挖出肥沃表土和杂草，填入下边的壕沟中。

撩壕整地因松土深度大，肥沃表土集中，一般认为有利于林木生长。但是，撩壕整地动土量大，用工量很多，破坏植被也比较严重，容易引起水土流失，用此法整地的人工林，根系多聚集在肥力较高的壕沟内，因而根幅比全耕的要小，对林木的后期生长有不利的影响。撩壕整地可用于南方山地造林，干旱贫瘠的丘陵地区尤为适宜。

（5）穴状整地

穴状整地是块状整地的方法之一。一般为圆形，面积较小，穴的直径0.3~0.5m。穴面在山地与坡面平行，在平地与地面平。此法灵活性大，适用于各种立地条件，整地省工。但对改善立地条件的作用比其他方法差。

（6）鱼鳞坑

是形似半月形的坑穴，规格有大小两种：大鱼鳞坑长径0.8~1.5m，短径0.6~1.0m；小鱼鳞坑长径0.7m，短径0.5m。坑面水平或稍向内倾斜，有时坑内侧有蓄水沟与坑两角的引水沟相通；外缘有土坡，半圆形，高0.20~0.25m。

鱼鳞坑整地时，一般先将表土堆于坑的上方，心土放于下方筑埂，然后再把表土回填入坑。坑与坑多排列成品字形，以利保土蓄水。

鱼鳞坑整地方法有一定的保持水土效能，适用于容易发生水土流失的干旱山地及黄土地区。小鱼鳞坑可用于土薄、坡陡、地形破碎的地方，大鱼鳞坑用于土厚、植被茂密的中缓坡地块。

3. 爆破水平梯田整地技术

近年来，太行山石质丘陵区采用爆破技术进行高质量的水平梯田整地，取得了理想效果。用该法整地能明显增加土壤的渗透性。爆破后修筑的梯田活土层加厚，可以有效地拦蓄地表径流，防止土壤冲刷，使土壤水肥条件得到明显改善，从而促进林木生长。

将硝酸铵、柴油、锯末按 25∶1∶2 的比例充分混合后，炒制成黄褐色，碾压过筛，制成炸药。施工时，先把表土和松软的风化层翻到隔坡上面，然后每隔 2m 以钢钎凿眼，眼深为 0.8~1.0m，装药量 0.75~1.0kg，要装得松紧适度并堵塞紧实，且有足够的堵塞长度。爆破后，先清除沟内碎石及疏松风化物放于沟的上方，石块放在沟下方，清至 1m 深后，即将上方疏松母质连同表土一同回填到沟内，若土不够，应用客土填平。最后修成里低外高、里面留有排水沟的水平梯田。

4. 整地深度

针叶树造林整地深度应达到 30cm，干旱、半干旱地区应达到 40cm；阔叶树造林整地深度应大于 40cm；速生丰产用材林整地深度执行相应专业标准；经济林和"四旁"植树整地深度根据造林树种和苗木大小确定。

5. 整地时间

一般应在造林一个月前或上年秋、冬进行整地。在冻拔害地区和土壤质地较好的湿润地区可以不预先整地，造林时挖坑整地和造林同时进行；干旱、半干旱地区造林整地，应在雨季前或雨季进行；固定沙丘和砂质土造林整地应在大风季过后进行；流动沙地、半固定沙地应采取措施待沙地固定后再整地造林。

四、栽植技术

植苗造林方法按苗木种类分为裸根苗栽植、容器苗栽植。裸根苗栽植分穴植、缝植、沟植三种；容器苗采用穴植法。还有一种方法是大树栽植。

（一）穴植

穴的大小和深度应略大于苗木根系。苗木要竖直，根系要舒展，深浅要适当，填土一半后提苗踩实，再填土踩实，最后覆上虚土。有条件的地方，要浇足定根水，以利成活。

挖穴栽植是生产上普遍采用的一种方法。挖穴时，将表土和心土分开堆放，挖出的心土要打碎，草根、石块要捡净。栽苗时，先把底土放入穴内，达到一定深度后，把苗木竖直放在穴的中央，将表土填入穴内，填到 2/3 时将苗木轻轻上提，使苗根舒展，并使苗木达到一定栽植深度，一般深度比苗木原土痕深 10cm 左右即可，踩实后把剩余土填上，继续踩实，最后覆上虚土，防止水分蒸发。这就是所谓"三埋两踩一提苗"的栽树方法。

（二）缝植

对于松柏类小苗造林，可在整好的造林地上用锄或锹开缝，放入苗木，深浅适当，不窝根，踏实土壤。此法工作效率较高，只适用于在疏松的砂质土造林和栽植深根性树种的小苗。

（三）沟植

地势平坦的造林地，用机械和人工开沟，苗木放于沟内，扶直填土压实。

栽植深度根据立地条件、土壤墒情和树种确定，一般应略超过苗木根颈，干旱地区、砂质土壤和能产生不定根的树种可适当深栽。

（四）容器苗栽植

穴的大小和深度应大于容器，以便容器植入。栽植时要去掉苗木根系不易穿透或分解的容器。

（五）大树栽植

大树栽植是城市绿化、"四旁"植树常用的方法，它能起到早绿化、早成林、早见成效的作用。搞好大树移栽必须抓好以下三个环节：

（1）选择树种

必须选择适应栽植地点条件的树种；必须选择形态合乎绿化要求的树种。例如，树干直立、树冠整齐、枝叶茂密的树种适合做行道树，而从地面开始分枝的落叶或常绿树种适合做观赏树种；必须选择幼、壮龄和生长正常、没有感染病虫害与无机械损伤的树木。一般来说，树高 4m 左右、胸径 12~20cm 的树木都可移植。

（2）大树的挖掘、包装和运输

大树移栽，要掌握好"随挖、随包、随运、随栽"的原则，注意保护根系少受损伤。一般常绿树挖树苗时要带好土球。土球半径不得小于离地面 10cm 树干的周长，厚度为土球自径的 3/5~2/3。如果挖起的树苗要运往较远的地方栽种，为避免树苗枯干、腐烂、冻伤、折损等，必须先包装。裸根树苗在包装前应先用黄泥浆蘸根，包装时根部必须衬以青苔、水草或草类，以保护根部，以免干燥受损。带土树苗的土球要用草绳扎缚，以防泥土松散。扎缚的方法是：先用 1~1.5 cm 粗的草绳在土球周围打上一道腰箍，一般从土球上部 1/3 处开始，围扎整个土球高的 1/3 宽。腰箍扎好后，在土球底部从四面向内挖土，到土球底部的中心只留下 1/4 左右的土，用利铲切断树根后，就可以扎花箍。扎花箍有井字包（又叫古钱包）、五角包和橘子包（又叫网络包）三种。运输距离较近、土壤是黏土的，用井字包或五角包的方法；比较贵重的树木，运输距离较远且土壤不坚实的，用橘子包。

（3）栽植和管理

栽植前应根据栽植的位置及株行距定点挖穴。树穴的大小应根据苗木的大小、带土球的情况和土质条件的不同来决定。树穴的大小、上下要一样，使根盘舒展穴内，切忌锅底形。在坚实地上栽行道树，除穴内要填入肥沃的客土外，还应在穴与穴之间挖好串沟，以防树穴积水。

树穴挖好后，最好施以腐熟的树叶、垃圾、人粪尿或经过风化的河泥、阴沟泥等做基肥，每穴施入 10~20kg，再填入 20cm 左右的泥土，树穴的中央略成小丘状突起。

栽树前，修掉树木病虫枝、腐烂根及折断枝与根，并适当疏剪枝条。树穴处理妥当后，将修整好的树苗放在树穴的中央，就可填土栽植。落叶树栽植方法和一般造林相同，带土球的树木在栽植过程中应注意防止土球散开。填土时，应边填边踩实，使泥土和根部紧密结合。泥土填到和地表相平时，在树干四周覆土做坡，便于浇水。带土球栽种的树木，土球上的包装物如果不多，不必除去；如果太多，在树木放入坑穴内后必须剪除，以免栽植后腐烂发热，影响树木根部的发育。树木栽好后，要浇透水，如天晴不下雨，须再浇第二次，以保证成活，然后加土填平，使之高出地面约 10cm，以免积水。

大树移栽后的管理工作主要有加土、扶正、修剪、松土、防治病虫害、浇水、除草、抹芽、施肥等，应根据树木不同生长季节的需要进行。

五、造林密度

造林密度是指造林时单位面积上最初栽植的株数或播种穴数，又叫初植密度。合理的造林密度可以提高木材的产量和质量，增大防护效益，降低造林成本。因此造林时，一定要确定适宜的造林密度。

（一）确定造林密度的原则

1. 根据经营目的

不同的林种和材种应有不同的造林密度。薪炭林、以培育中小径材为目标的用材林的造林应在适宜造林密度范围内，初植密度可适当大些；培育大径材，不进行间伐的用材林，初植密度可适当小些。

2. 根据树种特性

树种的生态学特性与造林密度关系密切。喜光、速生、干形通直、树冠宽阔的树种，造林密度宜小，反之则宜大。

3. 根据立地条件

凡气候适宜、土壤深厚肥沃的造林地可适当稀植，相反，在陡坡和土壤贫瘠的地方应适当密植。在水土流失严重或杂草繁茂的地方，为了提早郁闭，抑制杂草生长，则更应密植。风沙危害严重的密度应大一些。在北方没有灌溉条件的干旱、半干旱地区造林密度可适当小些。

4. 根据造林技术

造林技术水平高、经营集约，造林密度宜小，如粗放经营则可加大密度。

5. 根据经营条件

在劳力充足、交通方便、小径材有销路的地区，造林密度可加大，反之则宜小。长期进行林农间作或机械化作业可适当小些。

（二）确定造林密度的方法

在对影响造林密度的因素进行分析后，一般可根据具体条件分别采用初植密度等于主伐密度或初植密度大于主伐密度两种方法来确定造林密度。

①根据间伐效益确定造林密度。林分的产量包括主伐量和间伐量，所以初植密度应保证首次间伐下来的林木能达到最低标准的利用规格。

②造林密度等于主伐密度。采用集约栽培措施营造速生丰产林，可用大株行距的方法培育，无须间伐，初植密度可保留到主伐。

（三）种植点的配置

确定了造林密度，还需要进行种植点的配置。正确的配置方式可以合理地分配和利用光能，保证树冠均匀发育，控制不同植株间的相互关系，同时还有利于幼林抚育和成林抚育。

种植点的配置，按照林种、立地条件、树种和确定的造林密度进行。

种植行的走向，在平地造林种植行为南北走向，在坡地造林种植行沿等高线走向，在风沙危害严重地区种植行与主风方向垂直。

种植点的配置方式有以下七种：

1. 正方形配置

正方形配置时，种植点位于正方形的顶点。此种配置方式适用于用材林、经济林。

2. 长方形配置

长方形配置时通常行距大于株距，有利于间种和机械化作业。此种配置方式适用于平原地区造林以及机械化造林。

3. 品字形配置

品字形配置时相邻两行的各株相对位置错开排列呈品字形或等腰三角形，种植点位于等腰三角形的顶点。品字形配置方式适用于生态公益林。

4. 正三角形配置

正三角形配置时，由于相邻株距的距离相等，行距大于株距，种植点位于正三角形的顶点。本配置是品字形配置的特殊情况，此种配置方式适用于经济林。

5. 群状配置

群状配置植株在造林地上呈不均匀的群丛状分布，群内植株密集（3~20株），群间距离较大。此种配置方式适宜次生林改造或立地条件较差的地方营造生态公益林。

6. 自然配置

自然配置植株在造林地上随机配置，没有规整的株行距，似天然林中的林木分布。此种配置方式适宜生态公益林。

7. 不规则配置

不规则配置是根据造林地的土壤条件或林间空地情况，进行不规则的种植点配置。此种配置方式适宜于石质山地和林冠下造林。

单位面积的植苗数量，可以根据种植点的排列形式及株行距进行计算。

六、混交林营造

由一个树种形成的林分叫纯林，由两个或两个以上树种组成的林分叫混交林。

（一）营造混交林的优越性

生产实践证明，营造混交林比营造纯林具有明显的优越性。

1. 能充分利用造林地立地条件

通过速生树种与慢生树种、深根性树种与浅根性树种、喜光树种与耐阴树种混交，可以充分发挥土壤肥力和利用地上空间。

2. 能改良土壤，涵养水源，提高土壤肥力

混交林可有效地改善环境条件，特别是针阔混交。大量的枯枝落叶返回地表，分解后形成松软的腐殖质，使土壤疏松，肥力提高；同时也增加了土壤吸水和保水能力，减少地表径流，更好地发挥涵养水源和保持水土的作用。

3. 能培育出量多质优的木材和各种林产品

由于混交林树种搭配合理，因此有较高的林分蓄积量。据南方14个省（区）的报道，

在46种混交组合的混交林中，以松树为主的11种，以杉木为主的9种，以阔叶树种为主的25种，其他针叶树种为主的1种。其木材产量均比纯林高出20%以上，甚至1~2倍。

4. 提高抗灾能力

营造混交林可以引来各种益鸟和昆虫，再加上混交的隔离作用，可以抑制病虫、鸟兽害的发生，减少不良气象因素的危害。

（二）混交林的营造方法

1. 选择混交树种

在混交林中，根据树种在混交林中所处地位和所起作用的不同，通常分为主要树种、伴生树种和灌木树种。主要树种是造林的目的树种；伴生树种为主要树种造成侧方庇荫条件，辅助主要树种生长；灌木树种主要是发挥护土和改良土壤作用。一般把伴生树种和灌木树种称为混交树种，只有采用乔木混交类型时，混交树种的含义才包括相互混交的主要树种。

混交树种选择得得当与否，是混交造林能否成功的关键。在营造混交林时，首先要根据造林目的和适地适树要求选好主要树种，再结合混交目的选择理想的混交树种与之搭配。具体选择条件如下：

①混交树种应具有良好的辅助作用、护土作用和改良土壤作用。

②混交树种应与主要树种特性不同。较理想的混交树种生长应缓慢、耐阴，根系类型以及对养分、水分要求与主要树种有一定差异。

③混交树种和主要树种没有共同的病虫害。

④混交树种最好具有萌蘖力强、繁殖容易等特点。

据1980年以来各地试验，较理想的混交组合是：与杉木混交的有马尾松、柳杉、榛树、毛竹等；与马尾松混交的有杉木、栎类、槠类等；与油松混交的有侧柏、栎类、刺槐、元宝枫、橡树、山杨、紫穗槐、胡枝子等；与杨树混交的有刺槐、紫穗槐、胡枝子等。

目前在生产上可选择的混交树种种类较少，尤其是耐阴、生长比较缓慢的乔灌木树种更少。因此，如何尽快开发筛选出一批耐阴、慢生的混交树种，还有待进一步研究。

2. 确定混交类型

混交类型是指不同树种相互搭配而形成的林分类型。主要有以下三种：

（1）乔木混交类型

是指两种以上目的树种的混交。根据混交树种对光照的要求可分为阳性与阳性树种混交、阳性与阴性树种混交、阴性与阴性树种混交三种情况。如选用的两个树种都是阳性树种，则种间关系比较尖锐，应注意采取相应的调节措施。这种混交类型可以充分利用地力，获得多种价值较高的林产品，但对造林地立地条件的要求较高。

阴阳性树种混交类型。树种多为阳性树种，伴生树种多为阴性树种。该类型种间矛盾缓和，容易调节，具有较高的林分生产率和防护效能。另外，该类型也要求较高的立地条件。

（2）乔灌混交类型

该类型种间矛盾缓和，容易调节，林分生长稳定，多用于立地条件较差的地方。在水土流失和风沙危害严重的地区，应加大灌木树种的比重。

（3）综合性混交类型

在混交组合中包括主要树种、伴生树种和灌木树种。该类型种间关系比较复杂，多用于营造农田防护林和水土保持林。

3. 确定混交比例

混交林中各树种所占的比例称混交比例。它关系到种间关系的发展趋向、林木的生长状况及最终效益。确定混交比例时，要保证主要树种在林内始终占优势。一般条件下主要树种比例要达到50%～70%，伴生树种比例以30%～50%为宜。

4. 混交方法、方式

混交方法是指不同树种的植株在混交林中配置和排列。生产上常用的混交方法包括株间混交、行间混交、带状混交、块状混交四种。前两种方法，种间关系发生较早，矛盾激烈且难以调节，但混交作用显著，一般适用于乔灌混交或阴阳性树种混交。后两种方法种间矛盾出现较晚，容易调节，造林施工容易，抚育管理也方便，但混交林的优点发挥得不够充分，适用于种间矛盾比较尖锐的主要树种和伴生树种的混交。

随着生产的发展，目前又总结出了一些新的更实用的混交方法。如星状混交和行带状混交等。星状混交是某一树种以少量的植株呈点状散生于其他树种的植株间。这种方法既能满足一些强喜光、树冠开阔的树种要求，又可为树种创造良好的生长条件，树种间的矛盾较为缓和。如榛树、杨树、柏木分别零星与杉木、刺槐、马桑等混交，效果良好。行带状混交是介于行间混交与带状混交之间的过渡类型。它可以保证主要树种占优势，削弱伴生树种过强的竞争力，是一种比较理想的混交方法。

混交方式是指不同造林方法的植株在混交林中配置和排列。提倡人工造林和封山育林、飞播造林相结合的方式形成混交林。

5. 混交林种间关系的调节

人工混交林营造和培育的关键在于正确地调节处理好种间关系。除了在造林前要慎重选择混交树种，确定合适的混交类型、方法、方式及混交比例外，在造林时还可以通过控制造林时间、采用不同的造林方法进行调节。如对竞争力强的树种可以晚造林或采用苗龄较小的苗木造林，在可能条件下还可以采用直播造林；南方营造桉树混交林时，可先以较稀的密度造林，待其能够遮蔽地表时，再栽植红椎、樟树、木荷等耐阴树种，使这些树种得到适当庇荫，居林冠下层，收到较好效果。造林以后，还可以通过幼林抚育、平茬、间伐、修枝、环剥、断根等措施继续调节种间关系。

七、造林季节

造林有较强的季节性。适宜的造林季节应根据各地的气候条件和种苗特点确定。确定造林季节必须因地制宜、因时制宜。

（一）春季造林

春季是造林的黄金时节。此时，天气回暖，气温、地温升高，土壤湿润，有利于种子发芽和苗木生根。而苗木地上部分尚未萌动，有利于苗木体内水分的平衡，所以造林成活率高。春季造林宜早，在土壤解冻后树木发芽前，趁土壤水分充足时应抓紧时机立即造林。

为了做到适时造林，可根据树种特性和立地条件安排好先后顺序。一般先栽萌动早的树种，后栽萌动晚的树种；先低山，后高山；先阳坡，后阴坡；先轻质土壤，后重质土壤。

（二）秋季造林

秋季也是造林的好季节。秋季气温下降，水分蒸发和树木蒸腾减弱，土壤水分充足，苗木根系尚未完全停止生长，栽后容易愈合生出新根，造林成活率较高。

秋季造林要适时。过早苗木尚未落叶，温度高，蒸腾作用强；过晚土壤冻结，栽植困难，也不利于苗木生根。一般在秋末冬初，苗木落叶到土壤冻结前进行。

（三）雨季造林

在冬春干燥多风而夏季降雨集中的地区，可进行雨季造林。此时土壤水分充足，大气湿度大，温度高，也有利于种子萌发和苗木生根。但苗木蒸腾量大，容易引起苗木失水。所以，雨季造林的关键是要掌握好造林时机。一般应在透雨后的连阴天到下一次降雨以前造林，也可以冒小雨造林，绝对不能在无雨或降雨不多的时候强栽等雨。

适宜雨季造林的树种是松柏类针叶树种和萌蘖力较强的阔叶树种。为减少苗木蒸腾，造林宜用小苗。对阔叶树应适当剪去部分枝叶或截干，最好随起随栽，尽量缩短从起苗到造林的时间。

容器苗和带土坨苗木可不受季节限制，适时造林。造林季节天气干旱、土壤含水率低、无灌溉条件的，可延期造林。采用容器育苗造林，其优点是：幼苗带有一定数量的营养土，造林成活率高；栽植时间不受季节限制；对一些难以移植的树种和造林困难地区是一种提高造林质量的有效措施。

采用容器苗造林，从起苗到栽植整个过程中都要认真细致，保持营养土的完整，特别要注意覆土时在容器周围分层压实，切勿踏破容器，覆土一般盖过容器 2cm 左右，苗木周围盖草，减少土壤蒸发。若容器采用塑料薄膜栽植时，应撤除薄膜，以利根系生长发育。

第二节 播种造林

一、人工播种造林

（一）人工播种造林的特点及应用条件

播种造林的特点是施工容易、造林成本低，但对造林地立地条件的要求较高，播种后种子幼苗易遭鸟、兽、杂草、干旱危害，用种量也多。播种造林主要适用于种源充足、发芽力较强并有一定抗旱能力的树种，如松类、栎类及核桃、油桐、油茶、榆树、臭椿、山桃、山杏等。通常只在高温、干旱、霜冻、风沙、杂草、病虫鸟兽等各种灾害不严重的地区应用。

（二）种子处理和造林地的准备

直播造林对林木种子品质的要求与育苗相同，必须经过检疫、检验等程序，种源也要符合要求，尽量采用造林地附近或与造林地自然条件近似地区的种子。播前对种子要进行处理，包括消毒、浸种、催芽、拌种等。对休眠期长的种子在播种前必须进行催芽，对一般的种子也应进行浸种处理，保证幼苗出土快、出土齐。为防治病虫害和鸟兽害，播前种子须经消毒或拌种处理。如用福尔马林溶液消毒，以防治立枯病；拌铅丹、硫化锌以防鸟兽鼠害等。

播种造林对造林地的立地条件要求较高，因此在造林前一定要细致整地，整地的方式方法同植苗造林。

（三）播种方法

1. 穴播

穴播是在经过整地的地块上按种植点挖穴，将穴内土块整细，捡净石块、草根，穴底要平，踏实后将种子均匀播在穴中。大粒种子要横放，小粒种子适当集中放。每穴播种量因种子大小而不同，如核桃、油茶、油桐、橡、栎类等大粒种子 2~5 粒，华山松、红松等中粒种子 5~8 粒，油松、马尾松、紫穗槐等小粒种子 10~20 粒。播后覆土，覆土厚度一般为种子直径的 3~5 倍，土壤黏重的可适当薄些，砂质土壤可适当厚些，然后用脚轻轻踩实。

2. 块状播种

在经过块状整地的地块上进行全面撒播。这种造林方法可形成较强大的植生组，对外界不良环境条件抵抗力强，可在已有阔叶树种天然更新的迹地上引进针叶树种，或次生林进行补播改造时采用。也可以结合山地育苗进行，起苗时在各个块状地上留下部分苗木，使之长成林分。

3. 缝播

为避免鸟类、兽、鼠窃取种子，可在灌丛、草丛中，不整地直接用镰刀开缝，播入适量种子，将缝隙踩实，地面不留痕迹。

4. 条播

在全面整地或带状整地的造林地上按一定行距进行条状播种。适用于采伐迹地更新和次生林改造，也可用于水土流失地区或沙区播种灌木。

5. 撒播

撒播是将种子均匀撒在造林地上。主要用于地广人稀、交通不便的大面积荒山荒坡、采伐迹地上或雨季造林。

（四）播后管理

鸟兽危害是影响直播造林成败的重要因素。除播种前对种子进行处理外，播种后也要严加防范。当种子发芽长成幼苗以后，还要防止被野兔等动物咬伤。防治办法可用沥青涂刷。如果幼苗太小，可用涂有沥青的布条、麻绳拴在苗木茎上，也可收到同样效果。

二、飞机播种造林

飞播是根据森林植被的自然演替规律，以树种天然下种更新原理为理论基础，结合树种生态、生物学特性，人工模拟天然下种，利用飞机把种子撒在一定的地段上，融"飞、封、补、管"等综合营造林作业为一体，以恢复、改善和扩大地表植被为目的的营造林技术措施。它具有速度快、省劳力、成本低等特点，适应于交通不便、宜林荒山荒地（沙）面积集中、人工造林困难的地方造林。

（一）播区选择

播区是指飞机撒种的区域地段。播区选择是否得当直接关系到飞行安全、播种质量、造林成本及飞播成效。

1. 飞播宜林地

（1）飞播造林宜播地

宜林荒山荒地、宜林沙荒地、其他宜林地、无立木林地等无林地和疏林地。

（2）飞播营林宜播地

分为两类：①郁闭度<0.4，自然度为Ⅲ级，林下更新不良的低质、低效林地；②可以改造成乔木林的灌木林地。

2. 选择播区的条件

选择播区应考虑自然条件和社会条件。

（1）自然条件

具有相对集中连片的宜播地，其面积一般不少于飞机一架次的作业面积；同时宜播面积应占播区总面积的70%以上。北方山区和黄土丘陵沟壑区的播区应尽量选择阴缓、半阴坡，阳坡面积一般不超过40%。

播区地形起伏在同一条播带上的相对高差不超过所用机型飞行作业的高差要求，应具备良好的净空条件，两端及两侧的净空距离应满足所选机型的要求。

地形地貌、地质土壤、水热条件等自然立地条件适宜飞播造（营）林。

（2）社会条件

播区土地权属明确，且县、乡或项目建设单位领导重视，群众认可飞播造（营）林，能够落实播前播区地面处理和播后封育管护任务。

（二）树种选择及种子要求

1. 树种选择

树种的选择必须根据造林目的和适地适树的原则加以确定。

①天然更新能力强、种源丰富的乡土树种。

②中粒或小粒种子，产量多，容易采收、贮存的树种。

③种子吸水能力强，发芽快；幼苗抗逆性强，易成活的树种。

④适宜飞播，具有一定经济价值和生态价值的树种。

2. 飞播种子要求

（1）种子质量

飞播造（营）林种子质量应达到 GB 790—1999 规定的二级以上（含二级）质量标准。对 GB 7908—1999 中没有明确规定质量标准的林木种子，根据种子检验结果报省级林业主管部门批准使用。

（2）种子采收与调运

飞播用种优先选用本地区优良种源和良种基地生产的种子，外调种子应符合 GB/T 8822.1—8822.13—1988 规定的调拨范围和国家林业主管部门的有关规定。

（3）种子使用

飞播造（营）林用种实行凭证用种制度，用于飞播造（营）林的种子必须具有种子使用证、森林植物（种子）检疫证、检验证及种子标签。种子的检验、检疫及贮藏，执行 GB 2772—1999、GB/T 10016—1988 和国家林业主管部门的有关规定。

（三）播种期和播种量的确定

1. 播种期

在保证种子落地发芽所需的水分、温度和幼苗当年生长达到木质化的条件下，以历年气象资料和以往飞播造（营）林成效分析为基础，结合当年天气预报，确定最佳播种期。

①有充足的水分保证种子发芽和幼苗成活。一般播前有透雨，播后 20 天有 50～80mm 降雨。

②有种子发芽和幼苗生长的适宜温度。

③播种当年幼苗出苗至停止生长前有两个月的生长期。实践证明，河南省夏播效果最好。

2. 播种量

以既要保证播后成苗、成林，又要力求节省种子为原则。各地播种量结合当地实际情况，依据下式确定：

$$S = \frac{N \times W}{E \times R(1-A) \times G \times 10^3} \tag{3-1}$$

式中 S——每公顷播种量，g/hm^2；

N——每公顷计划出苗株数，株/hm^2；

E——种子发芽率（%）；

R——种子纯度（%）；

A——种子损失率（鸟、鼠、蚁、兽危害率）（%）；

G——飞播种子山场出苗率（%）；

W——种子千粒重，g/千粒。

由于各地区影响播量的因素不同，因而同一树种其播量也不同。

（四）飞播规划设计

1. 飞播规划

（1）规划的任务

明确飞播造（营）林的目的、目标、范围、规模与重点；统筹安排生产布局与进度；概算投资规模，合理安排建设资金，明确筹资渠道，提出保障措施；分析与评价项目实施的综合效益。

（2）综合调查

掌握区域内自然条件、社会经济情况、森林植被状况，以及林业建设和生态环境建设现状、问题与要求等，为飞播造（营）林规划设计提供切合实际的依据。综合调查执行GB/T 18337.3—2001和国家林业主管部门的有关规定。对组织开展过森林资源调查的地区或区域，应充分利用近期森林资源调查成果资料编制飞播造（营）林规划。

（3）规划的原则

①主导功能原则。根据自然地理条件和植被的发生、发育、演替规律以及飞播造（营）林科技成果，科学合理地确定飞播造（营）林所要实现的主导性功能和目的。②生态优先原则。以生态建设为主，按突出重点、先易后难的原则安排飞播造（营）林。③因地制宜原则。根据各地不同的飞播造（营）林条件，确定采用适宜的飞播造（营）林技术措施。④适度规模原则。在一定的区域范围内，应当充分体现其规模效应和优势，规模化组织飞播造（营）林生产。⑤系统平衡原则。兼顾飞播造（营）林"飞、封、补、管"各环节对飞播成效的因果关系，系统平衡，连贯有序，保证飞播成效。

（4）规划的主要内容

①飞播造（营）林条件分析与评价。

②规划的指导思想、原则、目标（战略目标与规划期目标）。

③飞播造（营）林总体布局。根据规划范围内不同的自然条件、自然资源、社会经济情况、生态环境建设要求等划分飞播造（营）林类型区，分类型区确定飞播造（营）林思路与方向，确定飞播造（营）林的比重与范围，合理配置飞播造（营）林生产组织管理体系以及机场、种源供应等基础要素。

④飞播造（营）林规划。分区域规划飞播造（营）林规模，合理安排实施进度，并确定树种，计算种子用量以及飞行作业、封育管护工作量。

⑤环境影响评价。

⑥投资概算与资金筹措。

⑦效益分析与综合评价。

⑧规划实施的保证措施。

（5）规划成果

规划成果包括规划说明书，必要的附表、附件，以及有关专题论证报告和飞播造（营）林规划图件等。规划成果的组成与质量要求具体执行国家林业主管部门的有关规定。

2. 飞播设计

（1）设计的任务

在飞播造（营）林规划的基础上，根据项目建设要求，具体选择落实播区。在播区调查的基础上，以播区为单位进行飞播造（营）林作业的设计，设计的深度应满足飞播造（营）林生产作业的要求。

（2）飞播播区调查

①播区踏查。采用路线调查和标准地调查相结合进行播区踏查。通过踏查，观察拟开展飞播造（营）林地区全貌以及地形、净空情况，目测宜播面积比例，了解土地权属情况，框划播区范围。在开展过森林资源调查的地区或区域，也可以利用近期森林资源调查成果确定播区范围。

②播区调查。

A. 调查目的。全面了解飞播造（营）林播区范围的自然条件、社会经济情况和植被状况，为飞播造（营）林设计提供依据。对于近期森林资源规划设计调查的成果资料可以作为飞播造（营）林设计依据。

B. 自然条件调查，调查内容包括播区范围的地形、气候、植被及森林火灾和病、虫、鼠（兽）害等。

C. 社会经济调查，调查播区范围内的人口分布、交通情况、土地权属、农林业生产建设状况、农村能源消耗情况以及畜牧种群数量、放牧习惯、当地相关的劳动生产定额等，当地政府与群众对飞播造（营）林的认识和要求以及附近可使用机场等情况。

D. 播区小班区划。小班区划任务是现地区划界定飞播造（营）林播区地类面积及分布情况，根据播区宜播地类的自然分布情况，结合当地飞播造（营）林可供使用飞机的飞行作业特点，合理取舍，调绘确定播区边界。准确量算、统计播区宜播面积，计算播区宜播面积率。落实飞播造（营）林技术措施，准确计算相关工程量。小班区划以播区为单位，利用测绘部门绘制的最新的比例尺为 1∶50 000 或 1∶25 000 的地形图现地进行小班勾绘；小班最小面积以能在地形图上表示轮廓形状为原则，最小小班面积在地形图上不小于 4mm^2；最大小班面积不超过 40hm^2。分地类划分小班，地类分类系统执行国家林业主管部门森林资源规划设计调查的有关规定。同时结合宜播地类的特点，区别划分造林小班与营林小班。沙区播区小班区划中，应同时兼顾到沙丘类型和形态，区别划分丘间低地、背风坡、迎风坡。

E. 播区小班调查。小班调查采用小班目测和随机设置样地（标准地）实测相结合的方法调查。有林地、疏林地调查样地面积 100m²，灌木林样地面积为 10m²，草本群落样地面积 4m²。样地数量：小班面积 3hm² 以下设 2 个，4~7hm² 设 3 个，8~12 hm² 设 4 个，13hm² 以上设置不少于 5 个。小班调查的内容有以下几方面：对非宜播地类只调查地类；对宜播地各地类详细调查地形地势、土壤、植被、土地利用情况等项目，分别对各项目相关调查因子进行调查记录；地形地势：坡位、坡向、坡度、海拔高度；土壤：土壤种类（土类）、土层厚度以及腐殖质层厚度；植被：灌草植被调查记录灌（草）种类、起源、覆盖度、平均高度以及分布情况；疏林地、低效林地还应调查林分（木）树种组成、平均年龄、平均胸径、平均高、郁闭度、自然度、天然更新、生长和分布情况；调查土地利用现状，如开荒、樵采、放牧等人为活动情况；现场综合分析小班宜林宜播性。

（3）飞播造（营）林设计

①树种设计。根据播区条件和适地、适树、适播的原则以及种源供应条件，在遵循森林植被正向演替规律的前提下，确定适宜的飞播树种。

树种配置设计、树种配置方式分五种类型：乔木纯播、乔木混播、乔灌纯播、灌木纯播、灌木混播。

为提高森林防火、保持水土和抵抗病虫害能力，提倡针阔混交、乔灌混交、灌木混交，采用全播区或带状混播等方式进行播种，培育混交林。营林小班应尽量设计乔木纯播或混播。

②播种期设计。在保证种子落地发芽所需的水分、温度和幼苗当年生长达到木质化的条件下，以历年气象资料和以往飞播造（营）林成效分析为基础，结合当年天气预报，确定最佳播种期。

③播种量设计。以既要保证播后成苗、成林，又要力求节省种子为原则。设计每架次载种量，计算播区种子需要量。设计种子处理方式和方法。

④地面处理设计。植被处理设计，播区植被处理设计区分：

A. 造林小班。对草本、灌木盖度偏大，可能影响飞播种子触土发芽和幼苗生长的小班，可进行植被处理设计；对于水土流失严重和植被稀少的小班，应提前封护育草（灌），使草（灌）植被有所恢复，以提高飞播成效。

B. 营林小班。灌木林小班对盖度较大，可能影响飞播种子触地发芽和幼苗生长的小班，可以进行植被处理设计；对林分下层灌、草植被盖度偏大的有林地小班，可进行植被处理设计。

植被处理设计落实到小班，并计算相应工程量。

简易整地设计，为提高土壤保水能力和增加种子触土机会，对地表死地被物厚或上壤板结的播区地块，根据当地社会、经济条件，可设计简易整地，并计算相应的工程量。沙区流动、半流动沙地上实施飞播作业，可选择风蚀地段搭设沙障。结合播区条件，设计材料种类、沙障长度，并计算工程量和材料需要量等。

⑤机型与机场的选择。根据播区地形、地势等地貌特点和机场条件，选择适宜的机型。

根据播区分布和种子、油料运输、生活供应等情况，就近选择机场；若播区附近无机场，经济合理的条件下可选建临时机场。临时机场建设参照执行 GB/T 17836 以及通用航空有关技术规定。

⑥飞行作业方式设计。根据播区的地形和净空条件、播区的长度和宽度、每架次播种带数和混交方式，设计飞行作业方式。飞行作业方式分为单程式、复程式、穿梭式、串联式以及重复喷洒作业法、小播区群串联作业法等。

根据设计的树（草）种、播种量及飞行作业方式，设计飞行作业架次组合。

⑦飞行作业航向设计。按基本沿着相同海拔飞行作业的原则，结合播区地形条件，确定合理的飞行作业航向，图面量算播区的飞行方位角；一般航向应尽可能与播区主山梁平行，在沙区可与沙丘脊垂直，并应与作业季节的主风方向相一致，侧风角最大不能超过 30°，尽量避开正东西向。

⑧航高与播幅设计。根据设计树（草）种的特性（种子比重、种粒大小）、选用机型、播区地形条件确定合理的航高与播幅。为使飞播落种均匀，减少漏播，一般每条播幅的两侧要各有 15% 左右的重叠；地形复杂或风向多变地区，每条播幅两侧要有 20% 的重叠。

⑨导航方法设计。根据播区具体情况和机组的技术条件设计选择人工信号导航或 GPS 导航。人工信号导航要设计 2~3 条航标线，并图面确定起始航标点的位置；GPS 导航应图面计算各播带导航点经纬度坐标。

⑩播区管护规划。依据播区社会经济情况、土地权属和当地政府的意见，结合飞播造（营）林的经营方向，对播后 5 年提出适宜的封育管护形式和措施。参照执行 GB/T 15163 和国家林业主管部门的有关规定。

（五）飞播施工

1. 播前准备

（1）播区准备

①播区标示。由建设单位根据播区作业图所标示的播区边界及端拐点地理坐标，于播前采取现地地形判读、导线测量或 GPS 定位等方法，现场准确落实播区边界四至，在各端

拐点埋桩或沿边界制作标志牌进行播区标示。

②播区地面处理。由建设单位根据设计要求，于播前落实完成播区植被处理、简易整地、沙障搭设等地面处理任务。

（2）种子及物资准备

由建设单位根据设计按树种、数量、质量将种子准备到位，并采购准备好种子处理必需的物资材料，以及种子处理等工作所必需的工、器具。

（3）机场及飞行单位的联络协商

播前以地、市或建设单位为单位，协调、落实飞播作业机场与飞行作业单位，并就各方的责任、义务、利益等方面内容签订书面合同，保证机场正常开放和飞机按时进场。

（4）播前准备工作验收

由省级林业主管部门对播前各项准备工作组织检查验收，设计文件为检查验收的主要依据，符合设计要求，验收通过，方可实施飞播作业。

2. 飞播作业组织

（1）指挥管理机构

飞播作业期间，应成立飞播造（营）林指挥部，统筹安排机场、播区、飞行、通信、气象、种子处理及装种、质量检查、安全保卫、生活后勤等各项工作，协调解决飞播作业中的有关问题。

（2）监理

飞播作业应实施技术质量责任监理制度，对作业进度、作业质量、工程数量等方面做全过程的跟踪监督检查和技术质量认定。

（3）飞播作业

①天气测报。气象人员按时观测天气实况并与附近气象台（站）取得联系。对机场、航路及播区按飞行作业要求及时报告云高、云量、云状、能见度、风向、风速、天气发展趋势等有关因子。

②通信联络。建立统一的飞播指挥通信系统，机场、播区应配备电台、电话、对讲机等通信联络设备，保证地面与空中、地面与地面之间的通信畅通，做到信息反馈及时准确，保证飞行安全和播种质量。

③试航。飞行作业前，飞行单位应进行空中和地面视察，熟悉航路、播区范围、地形地物，检测通信设备，并拟订作业方案。

④种子处理及装种。按设计要求进行种子处理，经处理合格的种子方可装种上机，并应严格按每架次设计的树（草）种数量装种。

⑤飞行作业。按设计要求压标作业，地形起伏高差较大时，可适当提高飞行高度，但必须保持航向，并根据风向、风速和地面落种情况及时调整侧风偏流、移位及播种器开

关，确保落种准确、均匀。侧风风速大于5m/s或能见度小于5km时，应停止作业。

⑥安全保卫。飞行作业和机场管理必须按照飞行部门的有关规定及飞播作业操作细则进行，确保人员、飞机和飞行安全。

（4）播种质量检查

①飞机播种作业的同时进行播种质量检查。按设计播区作业图图示接种线位置顺序进行，一般在接种线上从各播带中心起，向两侧等距设置1m×1m接种样方2~4个，逐样方统计落种粒数并量测实际播幅宽度。

②使用GPS导航仪作业时，播种质量检查采取地面接种与查看GPS导航仪记录的航迹相结合的方式，综合评判飞行作业质量。

③出现偏航、漏播、重播时应及时反馈到飞播指挥部，以便纠正或补救。

④播种质量检查标准为：实际播幅不小于设计播幅的70%或不大于设计播幅的130%，单位面积平均落种粒数不低于设计落种粒数的50%或不高于设计落种粒数的150%，落种准确率和有种面积率大于85%。

3. 播后管理

（1）封育管护

①播后，播区必须严格封护。封育管护期限为5年。

②根据播区情况，应制定封育管护制度，落实管护机构和人员，签订管护合同，落实管护责任。

③按设计要求建设封护设施。

（2）补植补播

播区成苗调查，达到合格标准的播区，应适时进行补植补播，直至达到成效标准。补植、补播执行GB/T 15776有关规定。

（3）复播

播区成苗调查结果为不合格的播区，须在认真分析论证的基础上，于成效调查前可以组织实施复播作业。复播作业是同一飞播造（营）林计划任务不变的情况下，保证飞播效果的一项补救措施。

第三节　分殖造林

一、分殖造林的特点及应用条件

分殖造林不经育苗而直接造林，可以节省育苗的时间和费用，造林技术也比较简单，因而造林成本低，幼林在初期生长较快，但受树种和立地条件的限制较大，林分寿命短，造林材料的来源比较困难，因而不适于大规模造林。

分殖造林对立地条件有一定要求，主要适于土壤水分充足的河滩低地、潮湿沙地、渠旁、岸边及土层深厚疏松的平坦土地。同时要求树种具有较强的无性繁殖能力。

二、分殖造林的方法

分殖造林按所用营养器官部位和栽植方法的不同可分为插木、埋干、分根、分蘖和地下茎（分兜）造林等方法。

（一）插木造林

插木造林，根据播穗粗细、长短可分为插条造林和插干造林两种方法。

1. 插条造林

插条宜用直插，在母树上截取 1~2 年生、粗 1.5~2.0cm 的萌条；再截成长 30~50cm 左右的插穗，下端削成马耳形，在已整好的造林地上挖穴或用棒穿孔后插入。扦插深度一般对常绿针叶树种（如杉木等）为插穗长度的 1/3~1/2；对于落叶阔叶树种（如杨、柳、杞柳、柽柳等），若土壤水分充足可露 3~5cm，在干旱、风沙危害严重地区造林时，应深埋少露，但在盐碱地上扦插应适当多露。

2. 插干造林

切取树木的粗枝或幼树树干，直接插干在造林地上的造林方法。此法多适用于河岸造林或潮湿地区栽植行道树等，沙地也可以应用。适用的树种主要是杨树和柳树。该法与插条造林的主要区别是所用插穗长而粗，插穗年龄也较大。通常插穗的规格为 2~4 年生，长 1~3.5m，粗 3cm。根据所用插穗长短的不同又可分为高干造林和低干造林两种方法。高干造林的干长一般 2m 以上，栽植深度一般 0.4~0.8m 为宜。据商丘地区林业局试验，在造林地上钻孔，深度达到出现地下水的位置，把杨树苗干插入孔内，踏实孔隙，成活率可达到 100%。

（二）埋干造林

埋干造林是一种将枝干截取一定长度后直接埋在造林地上培育成林的方法。多用杨、柳树枝在沿河低地和湿润沙地造林。一般用犁犁成长沟，将插穗平放于沟中，再用犁覆土，然后压实土壤。由于埋干深浅不同，可分为全埋法与露枝法。

全埋法是用 1~2 年生、长 1~1.5m 的枝条，将侧枝去掉后平埋入土中，根据枝条的粗细埋深 3~6cm。

露枝法是将 1～2 年生带侧枝的枝条，平埋入土中 20～30cm 深，侧枝露出地面 3～6cm，用这种方法造林的苗木抗旱力较强。

（三）分根造林

分根造林，即在秋季落叶后到春季造林前，从健壮的母树根部截取根段做插穗，一般直径 1～2cm，长 10～20cm，直接埋入造林地上，使其萌发新根育成新林。使用该方法造林应注意根插穗不能倒置。此法适用于某些萌力强的树种，如泡桐、刺槐、漆树、楸树、香椿等。

（四）分蘖造林

将根蘖性强的树种母树根部所生长的萌蘖苗连根挖出用来造林，称为分蘖造林。

（五）地下茎（分蔸）造林

地下茎（分蔸）造林是利用竹类的地下茎（竹鞭）在土壤中蔓延并抽笋成竹的一种造林方法。具体做法有移母竹、移根株（分蔸造林）和移鞭造林等。

三、分殖造林时间

插条和插干造林的时间与裸根苗的造林时间基本一致，随树种和地区不同，可在春季和秋季插植，常绿树种可随采随插，落叶树种可随采随插或采条后储藏再插；在水分不充足的地区，插条造林应在雨量充沛的雨季进行。

地下茎造林，除寒冷以及酷热天气外，其他时间可进行小规模造林。大面积栽植时，单轴型竹类可在生长缓慢的冬季和早春进行，合轴型竹类可在 1—3 月进行。

第四节　封山（沙）育林

一、封育类型

封育类型是通过封育措施封育区预期能形成的森林植被类型。按培育目的和目的树种比例分为乔木型、乔灌型、灌木型、灌草型和竹林型五个封育类型。

二、封山育林的适用条件

（一）无林地和疏林地封育条件

符合下列条件之一的无林地、疏林地，均可实施封育：

①有天然下种能力且分布较均匀的针叶母树每公顷 30 株以上或阔叶母树每公顷 60 株以上；如同时有针叶母树和阔叶母树则按针叶母树除以 30 加上阔叶母树除以 60 之和，如大于或等于 1 则符合条件。

②有分布较均匀的针叶树幼苗每公顷 900 株以上或阔叶树幼苗每公顷 600 株以上；如同时有针阔幼树或者母树与幼树，则按比例计算确定是否达到标准，计算方式同①。

③有分布较均匀的针叶树幼树每公顷 600 株以上或阔叶树幼树每公顷 450 株以上，如同时有针阔幼树或者母树与幼树，则按比例计算确定是否达到标准，计算方式同①。

④有分布较均匀的萌蘖能力强的乔木根株每公顷 600 个以上或灌木丛每公顷 750（沙区 150）个以上。

⑤有分布较均匀的毛竹每公顷 100 株以上，大型丛生竹每公顷 100 丛以上或杂竹覆盖度 10%以上。

⑥除上述条款外，不适于人工造林的高山、陡坡、水土流失严重地段及沙丘、沙地、海岛、沿海泥质滩涂等经封育有望成林（灌）或增加植被盖度的地块。

⑦分布有国家重点保护Ⅰ、Ⅱ级树种和省级重点保护树种的地块。

（二）有林地和灌木林地封育条件

（1）郁闭度<0.50 的低质、低效林地。

（2）有望培育成乔木林的灌木林地。

三、封育类型确定

（一）无林地和疏林地封育类型

在小班调查的基础上，根据立地条件以及母树、幼苗幼树、萌蘖根株等情况，无林地和疏林地封育分为以下五种封育类型：

1. 乔木型

因人为干扰而形成的疏林地以及乔木适宜生长区域内，达到封育条件且乔木树种的母树、幼树、幼苗、根株占优势的无立木林地、宜林地应封育为乔木型。

2. 乔灌型

其他疏林地，以及在乔木适宜生长区域内，符合封育条件但乔木树种的母树、幼树、幼苗、根株不占优势的无立木林地、宜林地应封育为乔灌型。

3. 灌木型

乔木适宜生长上限，符合封育条件的无立木林地、宜林地应封育为灌木型。

4. 灌草型

立地条件恶劣，如高山、陡坡、岩石裸露、沙地或干旱地区的宜林地段，宜封育为灌草型。

5. 竹林型

符合毛竹、丛生竹或杂竹封育条件的地块。

（二）有林地和灌木林地封育类型

有林地和灌木林地应培育成乔木型。

四、封山育林的方式

封山育林根据封育目的和自然社会条件可以分为全封、半封、轮封三种方式。

（一）全封

全封是指在封育期间，严禁樵采、放牧、采药和其他一切不利于林木生长繁育的人为活动。这种封育方式适用于远山、高山、江河上游、水库集水区、水土流失和风沙危害严重地段，以及恢复植被困难的封育区。

（二）半封

半封亦称活封，对有一定的目的树种、生长良好、林木覆盖度较大的封育区，在林木生长的主要季节实行封禁，其余季节在严格保护目的树种幼苗、幼树的前提下，可以有计划地进行砍柴、放牧、割草、采集等活动。这种形式适用于封育用材林、薪炭林。

（三）轮封

轮封就是将封育区划片分段，轮流封禁。在保护林木不受破坏的情况下，可划分一定范围（地段），集中一段时间，组织群众砍柴、放牧、割草等，其余地区实行封禁。这样轮流封育，使整个封育区都能封育成林，适用于当地群众生产、生活和燃料等有实际困难的非生态脆弱区的封育区。

五、封育规划设计

（一）封育区规划

在林业发展规划、土地利用规划及森林经营方案的基础上，结合已有资料或（和）调查资料，进行封山（沙）育林规划。

规划内容主要包括封育范围、封育条件、经营目的、封育方式、封育年限、封育措施及封育成效预测等。

规划成果报请上级林业主管部门或所在县人民政府审批后，作为封山（沙）育林作业设计的依据。

（二）作业设计调查

1. 基本情况收集

全面了解封山（沙）育林范围内的自然环境、社会经济条件和植被状况，具体包括：

①自然环境条件：包括封育区的气候、地形、地貌、土壤等。

②社会经济条件：包括当地人口分布、交通条件、农业生产状况、人均收入水平、农村生产生活用材、能源和饲料供需条件及今后当地发展前景等。

③植被状况：包括当地曾分布的自然植被类型，现有天然更新和萌蘖能力强的树种分布情况，以及森林火灾和病、虫、鼠害等。

2. 封育区调查

①封育区调查应在森林资源规划设计调查的基础上，尽量利用已有各类调查资料，不能满足需要时宜做补充调查。

②样圆（方）设置。小班内母树、幼树、幼苗、根株数量与分布状况调查采用小样圆（方）实测方法。

在小班内机械布设调查样圆（方），设置的调查样圆（方）面积以 $10m^2$ 为宜，数量按小班面积确定。

样圆（方）调查项目：记载样圆（方）内母树树种、株数；竹类名称、株（丛）数及杂竹覆盖度；灌木树种、丛（株）数、盖度；国家重点保护树种、株数；幼苗和幼树的树种、株数；萌芽乔木树种、株数等。

统计计算：调查小班的母树、幼树、幼苗、竹（丛）、灌丛等因子，按下式计算。

$$\overline{X} = \frac{1}{n}\sum_{i=0}^{n} x_i \times 1000 \qquad (3-2)$$

式中 $\overline{X}$ ——小班平均每公顷株数；

x_i ——样圆（方）内母树、幼树、幼苗、竹等株（丛）数和灌木丛数；

n ——样圆（方）数。

3. 作业设计

封山（沙）育林作业以封育区为单位，至少应包括以下内容：

①封育区范围：确定封育区面积与四至边界。

②封育区概况：明确封育区自然条件、森林资源和封育区地类与规模等。

③封育类型：根据封育区条件确定封育类型，以小班为单位按封育类型统计封育面积。

④封育方式：根据当地群众生产、生活需要和封育条件，以及封育区的生态重要程度确定封育方式。

⑤封育年限：根据当地封育条件、封育类型和人工促进手段，因地制宜地确定封育的封育年限。

⑥封育组织和封育责任人。

⑦封育作业措施：包括以封育区为单位设计围栏、哨卡、标志等设施和巡护、护林防火、病虫鼠害防治措施；以小班为单位设计育林、培育管理等措施。

⑧投资概算：根据封山（沙）育林设施建设规模和管护、育林、培育管理工作量进行投资概算，并提出资金来源和筹措办法。

⑨封育效益：按封育目的，估测项目实施的生态效益、经济效益与社会效益。

六、封育作业

（一）封育组织管理

封育规划设计文件应根据每个项目的不同管理要求，由经营单位或经营者向地方林业主管部门逐级汇总报批后执行。工程项目按工程管理程序进行，一般项目可根据实际需要从简。

以封育区的经营单位或经营者为主实施封育，鼓励多种形式组织联合封育。

封育期间，经营单位或经营者应定期观测封育效果，根据观测情况可按有关程序报批后及时调整封育措施。

封育期满后，各级林业主管部门及时组织检查及成效调查验收。

（二）封禁

1. 警示

封育单位应明文规定封育制度并采取适当措施进行公示。同时，在封育区周界明显处，如主要山口、沟口、主要交通路口等应竖立坚固的标牌，标明工程名称、在封区四至范围、面积、年限、方式、措施、责任人等内容。封育面积100hm²以上至少应设立一块固定标牌，人烟稀少的区域可相对减少。

2. 人工巡护

根据封禁范围大小和人、畜危害程度，设置管护机构和专职或兼职护林员，每个护林员管护面积根据当地社会、经济和自然条件确定，一般为100~300hm²。

对管护困难的封育区可在山口、沟口及交通要塞设哨卡，加强封育区管护。

3. 设置围栏

在牲畜活动频繁地区，可设置机械围栏、围壕（沟），或栽植乔、灌木设置生物围栏，进行围封。

4. 界桩

封育区无明显边界或无区分标志物时，可设置界桩以示界线。

（三）人工辅助育林

1. 无林地和疏林地育林

对封育区内乔、灌木有较强天然下种能力，但因灌草覆盖度较大而影响种子触土的地块，可进行带状或块状除草、破土整地，实行人工促进更新。对封育区内有萌蘖能力的乔、灌木幼树、母树，可根据需要进行平茬或断根复壮，以增强萌蘖能力。对封育区内自然繁育能力不足或幼苗、幼树分布不均匀的间隙地块，可按封育类型成效要求进行补植或补播。

沙地封育区，可在风沙活动强烈的流动沙地（丘）采取沙障固沙等措施促进封育。对干旱区的封育区，在有条件的区域可开展引洪灌溉抚育，促进母树和幼树、幼苗生长。

在封育年限内，根据当地条件，对符合封育目标或价值较高的乔、灌树种，可重点采取除草松土、除蘖、间苗、抗旱等培育措施。

2. 有林地和灌木林地育林

对封育区树木株数少、郁闭度和盖度低、分布不均匀的小班，采取林冠下、林中空地补植补播的人工促进方法育林。对树种组成单一和结构层次简单的小班，采取点状、团状疏伐的方法透光，促进林下幼苗、幼树生长，逐渐形成异龄复层结构的林分。

3. 灾害防护

在封育年限内，按照"预防为主、因害设防、综合治理"的原则，实施火、病、虫、鼠等灾害的防治措施，避免环境污染、破坏生物多样性，做好相应的预测、预防工作。

第五节　幼林抚育

幼林抚育是指造林后到林分郁闭前所采取的各项技术和管理措施。在幼林阶段，植株幼小，群体又未形成，对各种不良环境条件的抵抗能力较差，因此必须加强抚育管理，以提高造林成活率和保存率，促使幼林适时郁闭。幼林抚育措施包括林地抚育管理、林木抚育管理和幼林保护管理。

一、林地抚育管理

林地管理包括除草松土、灌溉施肥、林地间作等。

（一）除草松土

造林后应及时进行除草松土，除草松土要与扶苗、除蔓等结合进行。除草松土主要解决杂草、灌木同幼树争夺水分、养分、光照的矛盾，松动表土，减少土壤水分蒸发，改善土壤通气状况，促进土壤微生物活动，从而促进幼树生长。

除草松土在造林的头 3~5 年特别重要。除草松土贵在及时，除草要除早、除小、除了，对穴外影响幼苗生长的高密杂草，要及时割除。除草松土的年限和次数因造林地立地条件、造林密度和经营水平而异。一般应进行到幼林全面郁闭为止，通常为 2~5 年。在湿润、半湿润地区，造林初期生长快的树种，第一年抚育 1 次，第二年抚育 2 次，第三年抚育 1 次。有冻害的地方，第一年以培土为主。半干旱地区和湿润、半湿润地区造林初期生长较慢的树种以及播种造林的，前 1~3 年抚育 2~3 次，第四年抚育 1~2 次，第五年抚育 1 次。但速生丰产林和经济林，除草松土应长期进行，不以郁闭为限。

除草松土应在杂草灌木生长旺盛时进行。在春夏两季正是幼树生长季节，也是杂草灌木危害最严重的时期，应抓住有利时机在雨后天晴或烈日下及时除草。秋季除草应在草、灌结籽之前进行。

除草松土的方法因整地方法而异，全面整地要全面除草松土，局部整地可以采用局部除草松土。除草和松土通常结合起来进行，但在土壤条件较好的造林地上，也可以只除草而不松土。除草松土必须认真细致，要求做到"三不伤、二净、一培土"，即不伤根、不伤皮、不伤梢，杂草除净、石块捡净，还要把锄松的土壤培到幼树基部。松土深度要适当，一般以 5~10cm 为宜，干旱地区深些，丘陵山地可结合抚育进行扩穴增加营养面积。

除草松土是一项繁重的工作，可采用化学除草。化学除草一般在造林后 6 个月或第二年后进行，幼林化学除草时间是生长季节开始后以茎叶处理为主，阳性树种杂草高度为 5cm 左右，阴性树种杂草高度为 10cm 左右，在能明显看到幼树的情况下下药，最迟杂草高度不能超过幼树高度的 1/3（幼树在 1m 高度内）。除草方法可根据树种和生产需要进行全面、带状或穴状喷药。化学除草应注意药量药性对土壤、树木、水体和其他生物的影响。对林木有病虫害和新栽苗木不宜用药；喷洒时必须露水已干，不宜清晨用药；对补植苗木用药量要适当减轻。

（二）灌溉施肥

灌溉和施肥是改善林地水肥条件的有效措施，虽然目前在我国还不普遍，但从长远来看是发展的方向。

1. 灌溉

在少雨干旱地区，适时灌溉对于提高造林成活率和促进林木生长发育有决定作用。实践证明，灌溉可使林木生长量提高 2~3 倍。灌溉可采用量多次少、一次灌透的方法。在平原地区可以漫灌，有条件的可用喷灌或滴灌。在山区丘陵地区必须修筑工程，引水上山灌溉。灌水后进行松土，减少土壤水分蒸发。

2. 施肥

20 世纪 60 年代以来，世界各国普遍开展林地施肥，效果良好。我国近年来也开展了这方面的工作，取得了明显的经济效益和社会效益。

施肥期主要分造林前后、林分全面郁闭后和主伐前数年这四个时期。造林前施肥结合整地进行；造林后应结合松土除草开沟施肥，也可全面撒施；全面郁闭后和主伐前数年两个时期的施肥，可用人工或直升机全面撒施。

施肥种类应以长效肥料为主。用材林要多施些氮肥，但幼林时要增施磷肥。在针叶林下土壤酸度较大，要多施些钙质肥料。此外，在施用氮、磷、钾的同时，注意配合施入少量微量元素肥料。幼林阶段杂草较多，施肥时若能和除草剂配合使用，则施肥效果更为理想。近年来各地造林结合间种绿肥，定期埋青，是增加林地有机质的好办法。

（三）林农间作

林农间作就是在幼林尚未郁闭以前，在行内种植农作物的一种抚育形式。合理的农林间作可以充分利用光能和地力，达到以耕代抚、以副促林、林茂粮丰的目的。

1. 间种农作物的选择

应选择与幼林矛盾较小的农作物进行间作。具体可根据树种特性和林龄来确定。一般速生喜光树种林地，应选择红薯、花生、豆类等矮秆耐阴作物，而生长较慢、早期耐阴的树种，可间种玉米、高粱等高秆作物。另外，浅根性树种宜间作深根性作物，深根性树种宜间作浅根性作物，如泡桐和小麦间作等。但应注意在任何条件下都不要间作攀缘作物。

2. 间作方法

间作一般在幼树行间进行。作物与幼树的距离应以幼树能得到上方光照而造成侧方庇荫且作物根系不与幼树争夺水肥的原则来确定。一般在 1~2 年生幼林中，应距幼树根际 30~50cm 进行间作比较适宜。

间作一般到林分郁闭时停止，但在经济林中可长期进行。间作期间，坚持秸秆还田，以提高土壤肥力，并应突出以林为主，决不能因间作而妨碍幼林生长，更不能损坏幼林。

二、林木抚育管理

林木抚育管理包括间苗定株、平茬、除萌抹芽、修枝等。

（一）间苗定株

播种造林或丛状植苗造林，随着幼林生长，苗木密集成丛，营养条件和光照条件恶化，影响幼树生长，必须及时间苗定株。在立地条件好、幼树生长快的情况下，可在造林后 2~3 年进行；反之，可推迟到 4~5 年进行。间苗最好在雨后或结合松土除草进行，在穴内选留一株干形好、生长壮的苗木，其余除去。薪炭林无须间苗。

（二）平茬

平茬就是把幼树从地表截断，促使萌生新的茎干。平茬不是一项必需的管理措施，只有当造林后，出于某些原因如机械损伤、霜冻、病虫害等使主干生长不良时，才考虑采用平茬。只适用于杨树、柳树、刺槐、泡桐、杜仲等萌芽力较强的树种。

平茬一般在早春进行，也可在造林后立即进行，操作时紧贴地面不留树桩，要求工具锋利，切口平滑。平茬后盖上湿土，防止水分蒸发和造成冻伤。

（三）除萌抹芽

截干造林或平茬后，在根颈处往往长出许多萌条，影响主干生长。应从中选留一个通直圆满、生长健壮的主干，其余除去，这项措施就是除萌。

抹芽是对侧枝扩张、顶芽早衰的树种如泡桐、苦楝所采用的一种促进高生长的措施。具体做法是：当幼树树干上萌发的嫩枝尚未木质化时，将离地面树高 2/3 以下的嫩枝抹掉，既省工，又不伤树干，可防止养分扩散，促使主干的高生长。

（四）修枝

对幼树及时适当修枝，可促进主干生长，培育良好干形，提高木材质量，减少森林火灾和病虫害，提高森林防护效能。同时，还可获得一定数量的薪材，解决群众烧柴问题。但并不是所有树种都要修枝。一般只是对分枝较多、直干性差的阔叶树种，如泡桐、苦楝、刺槐、白榆等才进行修枝。

培育目的不同，修枝措施也不同。培育用材林时，修枝的目的是培育通直、饱满的树干；培育防护林时，修枝的目的是调整林带疏透度，同时培育无节良材，提高林带经济价值。要达到预期目的，修枝必须适时适度。目前，生产上普遍存在着修枝过度现象。因此，认真研究林木修枝技术具有重要的实践意义。

修枝效果与树种的生物学特性、造林密度、立地条件和修枝强度均有密切关系，所以，适时适度修枝十分重要。一般来说，不论林带或片林，栽植后 5 年以内对发枝力弱、枝条比较稀疏的树种，为了尽快发挥防护效益，不宜进行修枝；对发枝力旺盛、枝条比较稠密的树种可以进行轻度修枝，修枝强度控制在 20%～30% 为宜。

1. 修枝时间

修枝一般在晚秋和早春进行为好。此时修枝伤流轻、愈合快。而对某些萌芽力很强的树种如杨树、刺槐等也可在夏季修枝，以抑制伤口产生萌条，但切忌在雨季或干热时期修枝。

2. 修枝强度

修枝强度是指修枝的多少而言，通常以冠高比来表示。修枝强度可根据树种特性、立地条件、树龄和树冠发育状况而定。通常保留冠高比以 2/3～1/2 为宜。修枝时，小枝用剪或利刀紧贴树干由下而上切除。较粗大的枝条可用锯锯断，应注意使切口平滑，以利伤口愈合。

3. 常用修枝方法

（1）干冠比修枝法

该法按树种、年龄和林木生长状况确定合适的冠干比例。

（2）促主控侧修枝法

该法常用于侧枝多、枝条生长旺的树种，如榆树。具体方法是：每年冬季或早春对主枝头进行短截，并将剪口以下 3～4 个侧枝全部从基部疏去。夏季对直立强壮的侧枝剪去 1/2～2/3，控制其生长，原则上将全树侧枝粗度控制在主干粗度的 1/3 以下，以免与主干竞争，并可使主干上下粗细均匀。在修枝工作中要保持一定的冠高比，栽后第一年以 3/4 为宜，2～3 年以 2/3 为宜。连续修枝 3～4 年后，幼树即可达到成材高度，如培育橡材为

4m，培育梁材为5m。以后不再修枝，尽量扩大树冠，以加速成材。

（3）接干法

多用于泡桐、臭椿、苦楝等树种。以"目伤接干法"和"斩梢抹芽法"应用最广。①目伤接干。这种方法常用于3~4年生主干低矮的泡桐幼树。具体做法是：在春季芽萌动前半月左右，在树干最上部，选择良好的芽眼，在芽眼上部2~3 cm处，横砍两刀，宽0.8~1m，长占目伤枝圆周的1/3，深达木质部，并将两处刀痕中的树皮剥掉。②斩梢抹芽。在早春新芽萌发前，将主枝头短截，侧芽在小满前后长到10~15 m时，选留靠近切口、位置适中的粗壮侧芽，培养为主干枝，其余侧芽幼枝全部抹掉。选留的侧芽应和上年留芽成相对方向，以利相互矫正主干，保持主干通直。如此连续修枝3~4年，即可培育出通直的主干。以后任其分枝，发展树冠，促使粗生长。

据研究，泡桐斩梢接干要掌握四个环节：一是选芽，选顶芽以下主干迎风面组织充实的2~4节的饱满芽做剪口芽。二是剪梢，在选定的剪口芽上方1~2 cm处剪去主梢，剪口要呈斜面，与主干呈45°角。三是抹芽，当剪口周围萌发枝生长到5~20 cm时，选留生长位置好、发育健壮的萌发枝留做接干用，其余全部抹去。四是控制竞争枝，对影响接干新梢生长的竞争枝进行压枝，使其开张，保证主梢的正常生长。

（五）其他

对新造林进行封禁保护，不准进入林地放牧和打柴，可以有计划地割草。要做好林木的病虫害防治工作。混交林可采用修枝、平茬、间伐等措施调节各树种间的关系，保证其正常生长。速生丰产用材林和经济林要集约经营。林农间作以林为主时造林初期间作农作物以耕代抚，林木郁闭后停止间作；以农为主的可长期间作，但要注意林地间作农作物要以矮秆豆类为宜，不应种植高秆和攀缘作物，林农间作的树种要选择深根性、枝叶稀疏和经济价值高的树种。

第四章 主要林种营造技术

第一节 速生丰产用材林

一、速生丰产林指标

1986 年以来，国家林业局连续颁布和实施了几个主要树种的速生丰产林指标，使我国速生丰产林建设走上了科学化、规范化的道路。现将杉木、杨树、马尾松和泡桐的速生丰产林指标简介如下，供生产上应用。

（一）杉木

杉木丰产林指标分为Ⅰ类区和Ⅱ类区两种。Ⅰ类区是指武夷山以东的山地，海拔 100 ~600m，个别地方 800m；武夷山以西，雪峰山与武陵山以东，雁荡山以西，幕阜山以东，南岭 300~800m 的低山丘陵；四川、贵州及鄂西南 500~1000m 的低山；滇东南 1000~1700m 的中山山地。Ⅱ类区是指杉木北带 300~800m、杉木南带 300~700m 的低山丘陵；杉木中带 300~500m（500m 指川、贵、鄂西南）以下的丘陵地区以及川、贵、鄂西南、滇东北 1000~1500m 的中山山地。

杉木丰产林的生长量以 20 年为计算标准，Ⅰ类区每公顷材积年平均生长量达到 10.5m³以上，林分平均胸径达到 16cm 以上；Ⅱ类区分别为 9.0m³以上和 14cm 以上。

（二）杨树

1. 栽培区划分

根据自然地理要素、生态条件和主栽杨树种生长情况，把全国杨树丰产用材林栽培区划分为 5 个栽培区和 7 个栽培亚区。

2. 树种（组）及计算标准年龄（含苗龄）

毛白杨计算标准年龄为 13 年，沙兰杨组计算标准年龄为 11 年（包括Ⅰ-214 杨）等。

(三) 马尾松

1. 产区区划

Ⅰ类产区指马尾松南带和中带的南岭山地、雪峰山地、鄂西南（包括武陵山地）、川东和东南部山地、黔东南低山地区、武夷山及其东南的闽中山地丘陵。

Ⅱ类产区分两个亚区。1亚区：马尾松中带南岭山地以北的江南丘陵地区、贵州山地和四川盆地及其北部、西部和西南部的山地；2亚区：马尾松北带，大致相当于《中国植被》分区中的北亚热带常绿、落叶阔叶混交林地带。

2. 丰产林指标

丰产林指标以20年为计算年龄，不含苗龄。Ⅰ类产区蓄积年平均生长量每公顷达到10.5m³，林分平均胸径达到16cm以上；Ⅱ类产区蓄积年平均生长量每公顷9m³以上，林分平均胸径1亚区为14cm以上、2亚区为13cm以上。

二、速生丰产林营造

营造速生丰产林必须认真执行《造林技术规程》（GB/T 15776—2006）和《集约经营用材林基地造林总体设计规程》（GB/T 15782—1995），科学造林，集约经营，切实做到"造一片，成一片"，达到《速生丰产用材林主要树种生长量指标》。

(一) 速生丰产用材林基地应具备的条件

1. 立地条件

①土壤：土层（A层+B层）厚度一般不小于50cm，杉木、杨树造林地一般不少于70cm；腐殖质层厚度应不小于3 cm；土壤有机质含量平均不低于1%，土壤中石砾含量30%以下。②地形地势：地形比较平缓，自然环境条件优良，作业方便。③海拔高度：根据树种的生物学特性、生态特征和当地的自然条件确定树种最适生的海拔高度。④自然因素：无严重自然灾害，如严重的干旱、洪涝等。

2. 权属及交通条件

①林地权属清楚，无林权纠纷。②交通比较便利，便于造林和经营管理。

(二) 科学选择造林地

营造速生丰产林必须选择最好的、适宜营造速生丰产林的造林地。在林区，要选择蓄积年生长量能达到每公顷8m³以上的采伐迹地；在荒山丘陵区，要选择土层深厚、富含腐殖质的壤质土地块，比较湿润、排水良好的宜林地；在平原地区，要选择壤质、沙壤质土壤，土壤肥力要相当于耕地，有引洪淤灌条件、排水良好的沙荒地也可选用，如黄河两岸的沙荒地，经过引黄淤灌，加上沉积于田间的胶泥层土与沙土翻耕混合，大大改善了沙荒地土壤物理性质，提高了抗旱、耐涝能力，土壤肥力也有显著提高，完全适宜营造速生丰产林。据研究，若淤泥厚 10cm 的每公顷淤土中，含速效氮 87～123kg、速效磷 48～70.5kg、速效钾 600kg。淤泥中有机质的含量相当于每公顷施入有机肥 13.5～15t。

对于那些山脊、瘠薄沙地、盐碱地以及黏重板结、积水的土地不能选作速生丰产林造林地。

造林树种不同，对造林地条件的要求也不同。因此，在具体选择造林地时，要根据选用的造林树种的生物学特性和生态要求选择适宜的造林地。

1. 杉木

营造杉木速生丰产林在杉木北带（北亚热带，具体指北界自秦岭南坡海拔 800m 以下，向东经伏牛山南坡、桐柏山、大别山北坡到宁镇丘陵，南界由大巴山南坡以北、巫山北坡、大别山南坡，经黄山北坡、天目山到杭州湾一线，西界为白龙江流域，东濒于海），要选择海拔 300～800m，母岩为花岗岩、片麻岩等的阴坡下部、阳坡山麓、谷底及洼地，土层厚度 1m 以上，腐殖质层厚度 25cm 以上，或阴坡中部以下、阳坡山麓、谷底及洼地，土层厚度 70cm 以上，腐殖质层厚度 10～15cm 以上的地块。

2. 杨树

营造杨树速生丰产林要根据杨树的生态特性，选择土层厚度 1m 以上，土壤比较肥沃，土壤质地为沙壤、轻壤或中壤，生长期地下水位不高于 1m（无灌溉地区地下水位不低于 2.5m），无盐渍化现象或轻度盐渍化现象的地块。在土地资源较贫乏或自然条件特殊的地区，也可选用土层厚度小于 1m，土壤质地是沙土、粉沙土以及较黏重土壤，地下水位高于 1m（或无灌溉地区不低于 2.5m）的土地，但必须采取相应的改良措施，改善土壤的理化性质，以提高土壤肥力，适应杨树速生丰产林的生长要求。

3. 马尾松

营造马尾松速生丰产林在Ⅱ类产区北带（北界自秦岭南坡海拔 1000m 以下，向东经伏牛山南坡、桐柏山、大别山北坡，沿淮河，经宁镇丘陵，沿长江至海边；南界起大巴山南坡以北、巫山北坡，经江汉丘陵平原、大别山南坡、黄山北坡、天目山至杭州湾一线；西界为陕西勉县至四川青川、平武一线。即与《中国植被》分区中的北亚热带常绿、落叶阔叶混交林地带大致相同），要选择海拔 200～500m 的丘陵、岗地，母岩为花岗岩、片麻岩的地块；土壤 pH 值为 4.5～6.5；土层厚度，山地 60cm 以上，丘陵 80cm 以上；黑土层厚度，山地 15cm 以上，丘陵 10cm 以上；土壤质地，沙壤质至中壤质，重壤质至轻壤质为最佳；石砾含量20%以下；水、气通透性良好。

地形条件，要选择山地及丘陵坡地的中部至下部及坡麓、高亢台地的阳坡、半阳坡、半阴坡及平缓地，忌选积水及排水不畅之处。

据研究，适宜营造马尾松速生丰产林的最佳立地是低山、高丘陵及山间丘陵、坡地下部及中下部，土层厚80cm以上，黑土层厚15cm以上，壤质至轻壤质，疏松或较疏松，水、气通透性良好。

选择马尾松速生丰产林造林地要注意，必须按适地适树原则形成多树种镶嵌格局，并尽可能地保留原有阔叶林木，避免形成大面积马尾松纯林。对于无把握控制马尾松毛虫发生成灾的地区，特别是马尾松毛虫危害的常灾区，不宜选作丰产林造林地。

（三）细致整地

整地可以改善造林地的物理、化学性质，增强土壤的保水、保肥能力和透气性，为林木生长创造有利的土壤条件。科学整地是实现林木速生丰产的重要技术措施之一，整地方法和规格依造林树种与造林地条件不同而不同。

1. 杉木

营造杉木速生丰产林根据造林地条件可以采用三种整地方法。在坡度小于25°、土壤质地较黏重板结、腐殖质层厚度不足25cm、植被为茂密的高草丛的山坡地，宜采用全耕整地；坡度大于25°、植被为灌丛、腐殖质层厚度超过25cm或土壤质地较疏松的造林地，宜采用带状或块状等方法局部整地，局部整地的整地面积应不少于25%；坡度虽大于25°，但为高草丛或土壤腐殖质层不足25cm的山坡，要全耕后再建水平带，全耕坡面过长时，每隔30m保留3m左右的水平植被带。不论何种整地方法，整地深度均应达到20cm以上，栽植穴的深度和底径要达到40cm，并要求表土回填。

20世纪70年代，在豫南浅山丘陵区营造杉木速生丰产林时，群众创造的抽槽整地（撩壕整地）取得了很好的效果。撩壕整地采用挖去心土、回填表土的方法，把积存多年的枯枝落叶层和表土有机质一并埋入沟内，改善了土壤理化性状，为杉木生长创造了有利条件。经撩壕整地的11年生杉木林比穴状整地的13年生杉木林每年每公顷平均生长量大4倍，比12年生带状整地的杉木林的每年每公顷平均生长量大1~64倍。

从保持水土和表土入槽着眼，按照坡度陡缓、土层厚薄和石砾多少等不同的立地条件提出不同的抽槽整地方法。

（1）缓坡厚土层

坡度5°~25°，土层厚度大于40cm，采取"表土上卷，底土下翻，空槽过冬，冬春回填"的方法整地。

（2）陡坡厚土层

坡度 25°~30°，土层厚度大于 40cm，特别是土厚石少，抽槽时堆土困难。采取"表土转槽回填，底土下翻作坡，扩槽填满槽土，筑成梯地保土"的方法整地。

（3）多石砾土壤

表层土肥沃，土中石砾含量较多，抽槽时，石多土少。采取"砌摆拦土，挖好水路，修成梯地，剥皮回槽"的方法，就是先利用槽内挖出的石块，在槽 1/3 处清底砌石成摆，然后把槽土间距内山坡表土挖松扒入槽内填满，即剥皮，做成反坡梯田。而后在剥过山皮的坡面上再开槽，砌摆和剥皮回槽，做梯地。其余类推。

（4）缓坡薄土层

指坡度小于 25°，上层厚度小于 40cm。特点是表层土浅薄，抽槽填槽好土不足。采取"槽土下翻，剥皮回槽，填满做梯，底土露放"的方法。就是把挖出的土全部下翻放置槽下方，把槽间距内的表土全部剥入槽内，槽土填满后做成反坡梯地。这样做，就达到了表土回填利用、心土露放改良的目的。

2. 杨树

杨树速生丰产林造林地一般地形起伏不大，土壤深厚肥沃，因此多采用全面整地。小地形起伏较大的造林地，在造林前一年应平整土地。生草严重的生荒地必须提前 1~2 年全面整地，种植农作物（或饲草）1~2 年，使土壤熟化后再造林，整地深度 25cm。机械开沟造林时，开沟应扩穴，穴的规格为 1m×1m×0.8m；人工挖穴时，穴的规格为 1m×1m×1m；截干苗造林时，穴的规格为 0.6m×0.6m×0.4m。

实践证明，大穴深栽是营造沙兰杨速生丰产林的重要技术措施。造林前一年全面整地，开挖 1m×1m×1m 大穴，可疏松土壤，利于根系生长发育。深栽增加了根系分布深度，扩大了根系分布层和吸收面积，且由于土壤下层湿度大，温度较高，有利于生根成活，促进生长。栽植深度一般 80~100cm。但应注意栽植深度不应超过常年地下水位。

3. 马尾松

马尾松速生丰产林的整地方法一般以局部整地为主，采用块状（或穴状）和带状（沿等高线）整地。15°以下的坡地必要时可采用全面整地；15°~25°坡地必须采用全面整地时，每隔 30m 留 3m 宽的水平生草带；坡度大于 25°的坡地，只能采用局部整地。块状（或穴状）整地不小于 50cm×50cm，带状整地宽 70~100cm，深度均不小于 20cm。栽植穴底径不小于 30cm，深度不小于 25cm。整地要求表土翻向下面，挖穴要求土壤回填，表土归心（表土先回填）。

（四）良种壮苗

杉木种子，Ⅰ类区选用当地的种源，Ⅱ类区选用邻近Ⅰ类区的种源或经过种源试验鉴定的优良种源。种子必须采自种子园、母树林或优良林分，并经检验，符合质量要求。造林苗木要选用《主要造林树种苗木质量分级》（GB 6000—1999）中Ⅰ、Ⅱ级苗木，即播种苗，苗龄1~0年。Ⅰ级苗，广西北部地径>0.6cm，苗高>35cm；湖南南部地径>0.5cm，苗高>30cm；湖北、河南南部地径>0.4cm，苗高>24cm。Ⅱ级苗，广西北部地径0.4~0.6cm，苗高25~35cm；湖南南部地径0.25~0.5cm，苗高20~30cm；湖北、河南南部地径0.3~0.4cm，苗高16~24cm。

杨树选用1~2年生优良品系的健壮苗木造林，苗高大于3m，地径2.5cm以上，根幅大于40cm。

马尾松丰产林要选用优良种源，Ⅰ类产区选用本区或南带优良种源，Ⅱ类产区选用本区或Ⅰ类产区优良种源。种子尽量采自种子园、母树林或优良林分且经质量检验合格的。造林苗木要采用国家标准《主要造林树种苗木质量分级》（GB 6000—1999）规定的一年生Ⅰ级苗，即播种苗，苗龄1~0年。湖北南部苗地径>0.35cm，苗高>20cm；河南南部苗地径>0.3cm，苗高>20cm。

泡桐要选用适合于本地生长的泡桐良种，苗高4~4.5m，地径7.0cm以上。北方短轮伐期培育林可采用留床造林或早秋小苗造林，第二年平茬成林。

（五）合理密度

合理的造林初植密度应根据立地条件、树种的生物学和生态学特性、造林目的、作业方式和中间利用的经济价值等的不同，因地因林因树制宜确定。

根据不同区域的培养目标、立地条件及经济状况，杉木初植密度Ⅰ类区为2505~3600株/hm²，Ⅱ类区为3000~4500株/hm²。

杨树的栽植密度以单株营养面积衡量。根据目的材种、本地气候条件，造林地立地条件以及选用树种生态特性等因素确定适宜的栽植密度。培育中径材，单株营养面积12~20m²，即株行距3m×4m或4m×5m；培育大径材，单株营养面积24~48（64）m²，即株行距4m×6m或6m×8m（8m×8m）。窄冠类杨树可降至6~16m²，即株行距2m×3m或4m×4m。毛白杨造林的初植密度3m×3m，生长5~6年间伐一次，成为6m×6m，效果比较好。沙兰杨培养大径材时，不可采用5m以下的株行距。农林间作形式的速生丰产林，可采用5m×25m的株行距。

马尾松喜光，若培育通直圆满的干形材，初植密度应适当大些。培育中、小径材时，初植密度以3600~6750株/hm²为宜。

泡桐的初植密度根据丰产林类型而定，泡桐片林株行距5m×10m，每公顷195株。在黄淮海平原农区中低产田营造农林并举的泡桐速生丰产林，为了保障农业稳产高产，可采用5m×20m的株行距，按2hm²折合1hm²。南方丘陵、丘岗营造立体林业型泡桐丰产林，泡桐株行距 5m×12m ~ 5m×15m。每公顷 135 ~ 225 株。林下间种茶树、竹子、果树、花卉等。

第二节　农田防护林

一、农田防护林的规划设计

农田防护林是一项重要的农业生物工程，要充分发挥其生态效益、经济效益和社会效益，必须按照当地的自然规律和经济规律，运用生态经济原理，搞好规划设计，为建立高功能、高效益的农田防护林体系打下良好基础。

(一) 规划设计的原则

营造农田防护林的目的是改善生态环境、增强抗灾能力，从而达到农业高产稳产、促进农业全面发展的目标。为此，必须采取综合治理措施，逐步建立起一个综合平衡的低消耗、高效能的农业生态系统。为了科学地利用土地，扩大耕地面积，提高土地利用率，发挥最大的综合效益，在规划设计时必须遵循以下六条基本原则：

①功能最优、效益最大的原则。以景观生态学、防护林学、社会经济学、生态工程学等理论为基础，依据自然—社会—经济系统的特点，综合考虑系统的生态、社会、经济三个方面，以达到整体功能最优、效益最大的目的。

②因地制宜，因害设防，综合治理。规划设计应从当地自然条件出发，抓住影响农业生产的主要自然灾害，采取生物措施与工程措施相结合的形式，进行统一规划、综合治理，以最少的林地面积，充分发挥森林的最大效能。

③以农为主，农、林、牧、副、渔全面发展，平原地区要坚定不移地认真贯彻执行以农业为主，农、林、牧、副、渔全面发展的方针。根据当地的自然特点和农业生产条件，发挥优势，扩大多种经营，宜农则农，宜林则林，宜牧则牧。

④立足当前，着眼长远，以短养长，长短结合。规划设计内容、任务指标等既要考虑到农业发展的需要，又要从当前实际情况出发，做到全面规划、分期实施。要实行乔、灌、草（药材、饲料、肥料、蔬菜等）结合，用材树种和经济树种结合，速生树种和慢生树种结合。

⑤要为当地的经济振兴、群众的脱贫致富服务，调动广大群众的生产积极性。规划设计要为当地的经济发展服务，为当地群众的脱贫致富、奔小康服务，使规划设计建立在最可靠的群众基础之上，保证规划设计的实施。

⑥要和农业区划、林业区划或流域规划结合，做到统筹兼顾、相互协调，建立综合防护林体系。实践证明，建立起以农田林网为主体，"四旁"绿化，农林间作，经济林、用材林及其他防护林等有机结合的综合防护林体系比任何单一防护林种都具有更大的综合效益。农田防护林规划设计应在当地的农业区划、林业区划或流域规划的基础上进行，并按照这些规划指出的方向、需要解决的主要矛盾等进行具体的规划设计，建立起综合防护林体系。

（二）规划设计的内容

规划设计的内容主要包括立地类型的划分和主要防护林类型的规划设计。

1. 评价立地质量，划分立地类型

评价立地质量、划分立地类型是规划和选择造林树种的重要依据，是农田防护林规划设计的重要内容之一。一般在立地类型、土壤调查和林木生长情况调查的基础上，寻找影响林木生长的主要因子，从而确定划分立地条件类型的主导因子，根据主导因子划分立地条件类型。如研究表明，黄淮海平原盐碱土类型区划分立地条件类型的主导因子是土壤质地、土体构型、潜水位和土壤盐渍化程度；风沙土类型区的主导因子是土壤质地、黏质间层、地下水位、生草化程度和熟化程度；砂姜黑土类型区的主导因子是地貌特征、土壤质地、厚度等。

2. 主要防护林类型的规划设计

（1）农田林网

农田林网的规划设计主要是林带配置和结构。林带配置是指林带走向、林带间距、林带宽度。农田林网中林带配置合理与否，是决定能否充分发挥防护效益的关键。

①林带走向。农田林网是由许多互相垂直的主、副林带所构成的。所以，在进行农田林网规划设计时，必须首先确定林带走向。研究证明，单条林带的主林带垂直于主要害风方向时，防风作用最大。当主风方向与主林带垂线偏角超过30°时，有效防护效果降低，所以，林带与主风向所成交角不应小于60°。

②林带间距。是指相邻两条互相平行的林带边缘的距离。通常所说的林带间距是指主林带的间距。林带间距大小直接影响防风效果、占地多少以及农业机械作业效率的发挥。

③林带宽度。是指林带两侧边行间的距离再加上林带两边各1.5~2m的边缘地带。林带最适宽度应根据所选用的树种及立地条件而定。在设计防护林带宽度时要考虑尽量少占用耕地和维持最适宜的透风性所需要的最少行数。我国20世纪60年代中期兴起，而后在全国平原推广的农田林网，多是林带与路、渠结合设置。一般采用一路（渠）2行树、一路一渠4行树或2~3行树的窄林带。只要树势旺盛、林带完整、经营管理合理，就能形成结构合理的林带，发挥最大的防护作用。在大型渠系和主干公路（铁路）两侧的林带行数

虽在 6~10 行以上，但因渠道和路面的间隔，也可以调整林带结构，不会形成紧密结构的林带，同样可以发挥最大防护作用和经济效益。在具体设计时，一般情况主林带可设计 4~6 行树，副林带可设计 2~4 行树。

④林带结构。是林带的外部形态和内部构造的总称。主要包括林带宽度、断面形式、林冠层次、树种组成和栽植密度等。林带的防护效果取决于越过林带和穿过林带的气流比例。而这种比例又取决于林带的结构类型。林带结构可分为疏透结构、通风结构和紧密结构三种类型。在进行造林规划设计时，应根据防护林类型、当地自然条件、乔灌木树种等认真设计林带结构。林带结构一般根据林带的透风情况，用透风系数和疏透度（也称透光度）表示。

透风系数也称透风度，是指风向垂直于林带时，林带背风面林缘处林带高度范围内的平均风速与无林空旷地相应高度范围内平均风速之比。

疏透度是林带林缘垂直面上透光孔隙的投影面积与该垂直面上林带投影面积之比。

A. 紧密结构的林带是由带幅较宽、行数较多、林木密度较大的乔、灌木组成的。在树木生长季节，林带纵断面枝叶稠密，上下层密不透光，透光度 0.3 以下，透风系数 0.3 以下，看上去像一道"绿色城墙"。由于结构紧密，穿过林带的风特别小，所以在背风林缘形成平静无风区，大部分气流从林带上方越过，又迅速下降到地面，因此防护距离较小。这种结构的林带主要用于果园或某些重要建筑物，也用于阻止流沙侵袭的防风固沙林，风沙区耕地和林网忌用，因为易造成林缘附近积沙和形成林网中间较凹的"驴槽地"。

B. 疏透结构的林带是由行数较少、带幅较窄的乔、灌木树种组成，或不配置灌木，而由侧枝发达的乔木树种组成，或仅在外侧配置 1 行或内外侧各配置 1 行灌木。林带从上到下具有均匀的透光孔隙或上密下稀，透光度 0.3~0.4，透风系数 0.3~0.5，大部分气流可从林带穿过，其最小弱风区在背风面 3~5 倍处，有效防护范围为林带高的 25 倍左右。我国各地平原农区普遍应用这种结构的林带。

C. 通风结构的林带一般由乔木组成，不配置灌木，行数少，带幅窄，明显地分为树冠和树干两层。树木生叶期透光度为 0.4~0.6，透风系数 0.5 以上，气流容易通过，动能消耗少，防风效果不强。在一般风害区或风害不大的壤土地可以采用这种结构的林带。

在风害严重地区，紧密结构林带和疏透结构林带容易造成带内积沙，形成"驴槽地"，影响耕作和交通。通风结构林带虽然防风效果较差，但不易形成积沙，对农业生产较为有利。所以，三种结构林带应因地制宜选用。

（2）农林间作

农林间作是劳动人民长期同风、沙、旱、涝、盐碱等自然灾害做斗争中创造出来的一种特殊造林方式。农林间作的类型很多，按其经营目的不同可分为以农为主间作型、以林为主间作型和农林并重间作型；按其间作的树种不同可分为农桐、农枣、农条、农桑、农柿、农杨、农橘、农椿、农楸、农杉（池杉）间作等。其中以农桐、农枣、农条间作面积较大，历史亦长。近几年在南方水网地区出现的池杉稻麦间作（农杉间作）效果很好。这里重点介绍农桐、农枣、农条和农杉（池杉）间作。

1）农桐间作

①泡桐行的走向：根据农田防护林的理论，以垂直于主要害风方向效果最佳。华北平原的主要害风是冬季的偏北风和春末夏初的偏南风，所以为最大限度地预防两个方向害风的危害，泡桐行的走向以东西走向为好。但据小气候观测和农作物产量调查表明，东西行向的农桐间作地平均风速降低54%，而南北行向的农桐间作地平均风速可降低48%，较前者仅小6%，其他气象因子如温度、湿度、蒸发则没有明显差异，而其光照条件则有很大差异。东西走向的泡桐行树冠投影日变化较小，遮阴区集中，遮阴时间每日达11h，为南北行向的2倍；透光率32.8%，比南北行向低3.6%。影响到的作物产量也有很大差异，小麦和玉米的产量测定结果，东西行向的泡桐树冠下和其行间的产量有极端显著性差异；而南北向的泡桐行的两侧林冠下和林缘与行间的产量没有明显差异。南北行向间作的棉花低产带宽仅为树冠的1/2，减产幅度14%，棉花品质降低不明显；东西行向间作的棉花产量低产带宽为树冠的1/2，减产幅度58%，棉花品质也较差，衣分低2.6%，绒长短0.7mm，霜花比例增大29.6%。由此可见，农桐间作中的泡桐行走向不一定都要严格按照垂直于主要害风方向，可以根据当地的实际情况，如害风的危害程度、地块所处的位置、护路林的情况等而定。在风沙危害较轻、主要害风方向不明显时，以南北行向为好。但在一些风口、干热风严重的地区，以垂直于主要害风方向为好，以便更大限度地削弱、改变害风的性质，减轻危害的程度。

②泡桐的行距：目前，农桐间作中所采用的泡桐行距大致有20m、30m、40m、50m、60m几种。观测证明，20~40m行距的农桐间作地块，平均风速可降低52%，带间的增暖和冷却作用非常明显。而50~60m行距的地块内，平均风速可降低45%，与前者相差7%，但其增暖和冷却作用不十分明显，相对湿度则较前者大4%~5%，蒸发量较前者减少18%，故以50~60m的行距较好。另外，过小的行距必然相对增大林冠遮阴面积。调查表明，20~30m的行距，其林冠下减产区占总地块面积的18.7%~40%，减产幅度最大可达29.3%，而带间有效增产区仅占60%；50~60m行距的地块，其有效增产区为87%，而林冠下减产区仅占13%。综上所述，农桐间作中泡桐行的行距以不小于50m为度。为了适应农业机械化的要求，泡桐行长不应短于300~500m，以利发挥其机械效率。

③泡桐的栽植密度：泡桐的栽植密度因间作类型不同而异。以农为主间作型适宜风沙危害较轻，土壤为青沙土、蒙金土、两合土，地下水位2.5m以下的地区。在保证粮食稳产、高产的情况下，栽植少量泡桐。轮伐期较短，一般8~10年就可砍伐利用。栽植密度为株距4~5m、行距50m，栽植30~45株/hm²，其经营目的为培养泡桐中径材，以桐为主间作型适宜沿河两岸的沙荒地及人少地多的地区，可营造泡桐速生丰产林，栽植密度为株

距 5m、行距 5m，栽植 400 株/hm² 左右。泡桐栽后 5 年，可进行一次隔行间伐，保留 200 株/hm²，仍可继续间种农作物，泡桐培养大径材。农桐并重间作型适宜风沙危害较重的粉沙土、细沙土，地下水位在 3m 以下的半耕地、废耕地，栽植密度株距 5~6m、行距 10m，栽植 165~195 株/hm²，经营目的是防风固沙，培养中、小径材。

2）农枣间作

①枣树林带的走向：单行东西走向的林带，枣树冠投影带的变化在一日中由行南转向行中，后复转行南，呈现出带状轨迹而构成一个遮阴带，其宽度一般为 2~3m，南侧宽 0.8~1.0m，北侧宽 1.2~2.0m，造成了 2~3m 的减产区。在减产区中，平均每公顷减产 32.3%~62.9%。南北走向的林带对小麦生长发育、千粒重和产量的影响均不明显；而东西走向的林带对小麦的影响比较明显，即距树干 0.5~0.8m，千粒重减少 29.32%~44.13%，产量减少 600~973.5kg/hm²；1.2~1.5m 处，千粒重减少 2.42%~6.38%，产量减少 499.5~574.5kg/hm²；树林遮阴带外侧是增产区，增产幅度 9.7%~22.44%。因此，枣树林带的走向要根据当地的自然条件而确定，在风沙危害严重的地方，以东西走向为宜；风沙危害较轻的沙耕地，以南北走向较好。

②枣树林带的宽度：呈带状间作的枣树林带宽度一般在 15~20m 为宜。如在风沙严重的沙耕地上，可以因地制宜进行加宽，一般以宽 25m 左右、4~5 行为宜。

③枣树林带的间距：枣树树冠大、枝稀、叶小、通风、透光，因而林带的防护范围较小。据观测，以带状间作的枣树林带一侧的防风距离，一般达 50~100m 宽，增产范围（一侧）以 25~100m 比较明显。所以，一般情况下林带间距以 100~150m 为宜，如果风沙危害比较严重的泛风沙耕地，林带间距可采用 50~100m。

④枣树的栽植密度：麦枣间作的适宜密度为 4m×6m 和 4m×8m 最好，4m×10m 次之，4m×4m 对小麦产量有明显影响。所以，以农为主间作型，枣树栽植密度以 4m×6m、4m×8m 或 4m×10m 为宜；以果为主防风固沙间作型，栽植密度以 4m×4m 为宜。

3）农条间作

现以农作物与白蜡条间作为例加以说明。

①条行走向：从防护效益看，白蜡条行的走向垂直于主害风方向效果最大。如河南省豫东地区的主要起沙风为北风和偏北风，而干热风又属南风和西南风。因此，白蜡条（杆）行的走向应以东西走向为佳，但东西走向的条林带北侧遮阴严重，影响产量。从长期观测中还发现：东西走向和南北走向的条子林，只要它们有一定面积，本身形成一个系统，其间气象因子除风速外（差 10% 左右），气温、湿度与蒸发无显著差异。因此，营造大面积的农条间作时，只在风口和重沙地采用东西走向，其他地方仍可采用南北走向。

②条行带距：它是决定防护效益、影响作物产量的一个重要因子。由于白蜡条（杆）平均带高不超过 3.5m，所以带间距不宜过大，否则将起不到应有的防护作用。但是，如

果带间距过小，则由于白蜡条（杆）的遮阴和根的胁地，会造成作物减产。所以，农条间作的带距要根据当地条件和经营目的来确定。以条（杆）为主间作型适宜风沙危害严重的沙荒地，土壤贫瘠、干旱，农业产量低而不稳，发展条林的目的是防风固沙，改善生态环境，增加经济收入，其条行带距以 10~20m 为宜。农条（杆）并重间作型适宜风沙危害不太严重的半耕地，土壤贫瘠、干旱，农业产量较低，农条间作的目的在于防风固沙、护农增产，条行带距以 20~30m 为宜。以农为主间作型适宜风蚀轻微的平坦农耕地，主要目的在于改善生态环境、提高农业产量、增加经济收入，条行带距以 30~50m 为宜。

③条行宽度：当前营造的条农间作多为 1 行、2 行、4 行。从防护效果来看，这三种不同宽度的防风效益没有显著性差异。从占地面积比较，2 行的比 4 行的少占地 40%，且条、杆的质量优于 4 行式。所以，一般地区应采用 2 行式或 1 行式，风口或重沙区可用 4 行式。

二、农田防护林的树种选择

正确进行农田防护林造林树种的选择，对于增强农田防护林的稳定性，充分发挥其防护效能具有重要作用。有的地方早期营造的农田防护林由于树种选择不当，或导致病虫害蔓延，或形成"小老树"，防护效应和经济收益显著降低，因此要认真进行树种选择。

（一）树种选择的原则和依据

树种选择的原则和依据为：

1. 从当地的立地条件出发，认真做到适地适树

在低湿地方必须选择耐水湿、耐盐碱、具有庞大根系、枝叶茂盛的树种，而在风沙危害严重的地方必须选择抗蚀能力强、耐干旱的树种。地下水位过高或土壤水分过多对泡桐、刺槐、臭椿、苦楝等树种的影响更明显。这些树种虽喜湿润、肥沃土壤，但又怕涝、怕淹、怕盐碱，不适宜高地下水位或重盐碱地栽植。

2. 根据不同林种或类型的要求选择适宜树种

农田林网的树种要选择树木高、树干直、生长快、根深、冠小、抗风力强、寿命比较长、抗病虫害的树种；凡是农作物病虫害的寄主或中间寄主的树种不能选用。如榆树的金花虫除危害榆树外，还危害大豆和瓜类；桧柏是苹果赤星病、梨赤星病的寄主；刺槐是农作物蜡虫的寄主等，因此尽量不要选用这些树种。

3. 选用经济价值比较高的树种

如豫东、豫北平原沙区大力发展苹果、枣、葡萄、梨、桃、紫穗槐、杞柳、白蜡等，经济效益十分可观。要选择适合当地生长和市场需要的经济树种。

4. 选用适宜的常绿树种

为了提高防护林带在冬、春两季的防风效果，选用一定比例的常绿树种很有必要。豫东平原营造的侧柏、杨树混交林带，提高了防护效果，值得推广。

5. 根据树种的生物学特性和经营目的选择树种

例如，农桐间作的经营目的是林粮双丰收，兰考泡桐发叶晚、落叶早、冠大、枝稀、透光良好，对农作物遮阴少、影响小，尤其是兰考泡桐为深根性树种，吸收根和细根多分布在 40~100cm 深的土层中，在 0~40cm 土层中的根量较少，约占总量的 12%，而小麦、玉米、谷子等农作物的根系多分布在 0~40cm 土层内。泡桐能从土壤深层吸收水分和营养，增加耕作层内的含水量，在干旱条件下为农作物生长发育提供了必需的水分。因此，选用兰考泡桐作为农桐间作树种能够达到林茂粮丰的目的。

（二）防护林主要造林树种的选择

在选择防护林造林树种以前，要对当地的树种生长情况进行调查，分析比较各个树种的生长情况，确定适应当地立地条件的树种，再根据营造农田防护林的目的与要求，按照立地类型确定造林树种。中国林科院林研所等单位针对黄淮海平原中低产地区三种土壤类型区 13 个立地类型，共选择设置 60 个树种、166 块标准地、9 块对比试验林进行对比试验，最后通过多因子数量化综合评价、模糊数学综合评判，得出了主要乔木树种适生序列：

1. 沙土类型区

沙丘组：刺槐；

平沙地组：沙兰杨、刺槐、白榆；

沙碱土组：白榆、沙兰杨；

两合土组：69 杨、72 杨、泡桐、沙兰杨、毛白杨、白榆；

堆积土组：69 杨、72 杨、沙兰杨、毛白杨、刺槐。

2. 盐碱土类型区

脱盐潮土组：毛白杨、214 杨、山海关杨、白榆、旱快柳、沙兰杨；

轻盐化土组：白榆、山海关杨、毛白杨、抱头毛白杨、旱快柳、钻天杨泡桐；

中盐化土组：八里庄杨、钻天杨、白榆、国槐、刺槐；

重盐化土组：柽柳；

堆积土组：刺槐。

3. 砂姜黑土类型区

河渠堆积土组：63 杨、72 杨、69 杨、沙兰杨、214 杨、泡桐、刺槐；

路基堆积土组：72 杨、69 杨、法桐，水杉、刺槐、枫杨、侧柏；

潮地组：臭椿。

三、农田防护林的造林技术

农田防护林是在农田、道路、渠道（河流）以及农村"四旁"的隙地造林，立地条件比较好，具有交通方便、便于开展集约经营的有利条件，造林技术也不同于一般荒山造林，有其特殊性。

(一) 整地

细致整地是改善土壤结构、消灭杂草、保证苗木成活和良好生长的重要手段，要根据土壤种类采取正确的整地技术。

1. 风沙土

风沙土具有土质疏松、易于耕作、透水性好、不易受涝的特点。但风沙土干燥、易风蚀、保水保肥性差、有机质与养分含量低、土壤瘠薄。黄淮海平原的风沙土条件比较好，对于流沙地、半固定沙地（丘）不能采用全面整地，一般采用穴状整地，随整地随造林。条件许可时，可在雨季前整地，秋、冬季造林效果更好。豫东平原的平沙地，由于水分条件好，常常茅草丛生，因此消灭茅草是造林整地的主要任务。对茅草丛生的平沙地最好采用全面整地。整地时间以伏天最好，连续翻耕 2~3 次，即可达到消灭茅草的目的。

2. 砂姜黑土

砂姜黑土是淮河流域平原广泛分布的一种土壤。砂姜黑土的主要问题是容易干旱和涝、渍。主要矛盾是解决"涝""僵"的问题。首先是采用工程措施改善排水状况，其次是改旱作为水作。农田防护林主要是营造农田林网，沿河岸、渠道营造堤岸防护林，道路两侧营造护路林，整地主要采用穴状整地，在地表层和树木根系所及深度的地方有刚砂姜应打破捡出，否则对保水保肥和根系生长很不利。最好在冬天挖坑冻垡，栽树时将熟土填入，踏实浇水，培土加厚。

3. 盐碱土

黄淮海平原的盐碱土，主要是由于排水不良和不合理灌溉使地下水位抬高而引起的次生盐渍化所形成的。盐碱地整地必须结合改善土壤性质、减少土壤含盐量和降低地下水位等综合措施进行。有杂草的平坦盐碱地可在杂草开花时全面深耕，增加有机质，翌年穴状整地造林。杂草很少的重盐碱地，全面深翻后，播种 1 年耐盐碱绿肥植物，1~2 年后深耕压肥，然后造林，也可采用台田整地方式。

（二）造林密度

农田防护林的造林初植密度要根据农田防护林的类型（如农田林网、农林间作等）、选用的树种、立地条件和造林技术及经营水平而定。一般农田林网的林带为疏透结构或通风结构，造林密度应小些。农林间作以农为主时，林木密度应小些；以林为主时，林木密度应大些。一些速生树种，如造林初植密度过大，则会由于生长迅速而很快郁闭，影响林木生长量；有的树种不耐庇荫，造林密度大则影响生长发育；而有些树种如刺槐，疏植时干形易弯曲，为培养好的干形，造林初植密度则应稍大些。立地条件好的地方，林木生长快且树势旺，造林密度宜小些；立地条件较差的地方，林木生长缓慢，初植密度宜大些。在交通方便、小径材需要量大的地方，造林密度可稍大些，郁闭后适时间伐，既能保证林带的理想结构，又可提供小径材。

在农田防护林的长期生产实践中，农田林网林带在渠、路两侧或田边单行栽植，树木的株距一般为 2m。若每侧栽 2 行以上，如行距限于 0.5~1m，株距可采取 3~4m；如行距 2m，株距可定为 2~3m。在林带中配置灌木时，灌木的株行距可采取 1m×1m 或 0.5m×0.5m。为了形成理想的疏透结构的林带，根系和树冠均匀充分地利用土壤与空间，农田防护林的林带树种造林宜采用三角形配置。

（三）造林方法

农田防护林的造林方法主要采用植苗造林和插木造林。

1. 植苗造林

这是营造农田防护林广泛应用的一种造林方法。为了使农田防护林及早发挥防护作用，常采用 1~2 年生或 3~5 年生的大苗造林。为了提高成活率，要做到随起苗、随运输、随造林和二不离土（起苗后不能及时出圃时要假植，运到造林地后不能及时栽植也要假植）、三不离水（保证捆包、运输、栽植三个环节中苗木的湿润）。除泡桐外，所有树种均要做到"三埋两踩一提苗"，栽植深度一般要求覆土超出苗木根际 2~4 cm。在干旱疏松的土壤上要栽深，湿润黏紧的土壤上要栽浅，秋季造林要比春季造林栽深一些，雨季造林可以栽浅一些。豫东平原国有林场在沙地上用沙兰杨造林，采用 1m×1m×1m 大坑，栽植 2 年生大苗，效果很好。必须选择外观大小粗细比较一致、发育充实、木质化程度高、无徒长现象、无病虫害的合格苗木。苗圃地为壤土或沙壤土，绝大部分苗木须符合《主要造林树种苗木质量分级》（GB 6000—1999）中的 I 级苗和 II 级苗的要求。

起苗、分级与包装采用锋利的钢锹或宽镰起苗。起苗时，先从没苗的一边挖 30cm 深的壕，逐垄起苗。起出苗后，立即对苗木进行分级，选出合乎要求的苗木，然后剪去过长根和伤根，蘸用壤土制成的淡泥水，每 100 棵打成 1 捆，挂上标签，装入聚乙烯塑料袋中，立即转运至贮苗处。起苗时严禁采用拔苗方式起苗。

2. 插木造林

插木造林也叫扦插造林或插条造林。适用于萌芽力强的杨树、柳树、紫穗槐、白蜡、杞柳等。按插穗大小又分为插干和插条两种。插干是采集壮龄树木上 1~2 年生、侧芽饱满、无病虫危害的枝条，截成 20~40cm 长的插穗，按规定株行距扦插在已整好的造林地上。在湿润的河、渠两岸营造防护林带时，往往采用 3~8cm 粗、2~3m 长的 2~4 年生柳树粗枝，插入土中 50~80cm，成活率高，发挥防护效益快。

(四) 造林季节

农田防护林是一项农田基本建设工程，因此选择造林季节除考虑苗木容易成活外，还要考虑劳力和组织施工方便。在华北平原地区，最好的造林季节是春季土壤解冻后、芽苞开放之前、根系开始生长时期。这个时期造林要先栽植萌芽较早的杨树、柳树等，萌芽较迟的臭椿、刺槐、枣树等可稍迟栽植。春季造林时间短，土壤解冻后应立即组织进行，造林过晚会影响成活率。

秋季土壤较湿润、气候较温暖的地区造林效果也很好。因为秋天造林，经过一个冬季，根系与土壤密接，翌春能提早发芽，所以造林成活率比较高，生长也比较好。河南商丘地区民权林科所研究成功的秋季带叶栽泡桐，在泡桐高生长停止后、落叶前（10 月）进行带叶栽植，成活率在 95% 以上。在生产上推广应用后，效果很好。泡桐落叶前带叶栽植，这时气温迅速降低，泡桐地上部分生长已基本停止，但地温尚高，营养物质已向根部转移，经断根刺激后，有机物质很快补充到断根处，容易产生愈伤组织，能在冬季到来之前生长出部分新根。据研究，一般当年能长出新根 4~8 条，翌年春季树液开始流动时新根已有吸收能力，开始从土壤中吸收水分和养分，供枝叶生长之需，大大缩短了缓苗期，提高了成活率，增加了生长量。

对于一些常绿树种（如侧柏）或萌芽力强的树种，雨季造林效果也比较好。

第三节　防风固沙林

一、沙地类型

(一) 平沙地类型

平沙地地势平坦，间有小型沙丘，河槽中心常有流水，沙粒较粗，沿河两侧沙粒较细，有黏质间层，肥力较高，多为农业用地。

（二）沙丘类型

沙丘按高度可分为大沙丘（高于 7m）、中沙丘（3~7m）、小沙丘（低于 3m）。按沙丘外形分为新月形沙丘（具有两个不同坡面，形状如月牙的）、椭圆形沙丘（断面多为抛物线状，没有明显的迎风坡和背风坡的沙丘）、垄状沙丘（呈平行带状，垂直于主风分布，沙脊线起伏曲折，背风坡和迎风坡明显，其高度均在 7m 以上，最高可达 15m，长度一般为 300~500m，丘间距离 50~200m，多属大沙丘类型）。按沙丘生草化程度分为流动沙丘（植被覆盖度在 20% 以下，沙粒疏松，容易流动，水分较好，肥力较差，主要生长有沙蒿、沙蓬等沙生植物）、半流动沙丘（植被覆盖度为 20%~50%，沙层较紧密，不易流动，水分较好，肥力较高，有沙生植物分布或树种栽培，如刺槐、紫穗槐、侧柏等）和固定沙丘（植物覆盖度大于 50%，沙层紧实，已被固定，水分差，肥力显著增加，树种栽培较多）。

二、立地条件类型划分

影响沙地植物生长的因素很多，如沙地的机械组成、风蚀程度、干旱和瘠薄程度、地下水位、黏质间层等。其中，决定沙地立地类型划分的主要是沙地的机械组成和有无黏质间层。

三、防风固沙林体系的配置

（一）第一道防线——固沙林带

1. 生物沙障

根据沙丘的形状、流动程度，利用杨、柳枝梢在沙丘迎风坡栽植，以削弱风速，为固沙造林创造良好条件。

2. 前挡后拉林带

（1）前挡林带

前挡林带是在沙丘前进方向营造林带，以阻挡沙丘向前移动。林带位置根据当地土地利用情况、沙丘高度、沙丘流动速度与树种生长快慢而定，一般距沙丘 5~10m。沙丘流动速度较慢，前方为农耕地时，林带从沙丘背风坡基部开始，采用大苗 1m×2m 的密度造林，林带宽度一般大于 20m。

（2）后拉林带

后拉林带是在沙丘迎风坡基部营造宽 10~20m 的林带，其目的是最大限度地削弱风速，制止流沙移动，对沙丘起后拉作用。

3. 四面围攻林带

营造在密集的中小型沙丘群地段上。在沙丘群的四周营造一条 10~30 m 的包围林带，防止沙丘向四周扩展。然后在其内水分较好的丘间洼地、沙丘基部及平沙地上营造防风固沙林，最后扩大至大沙丘上，这种固沙造林方法也称大小包围造林法。

4. 风口地造林

风口处是沙地严重的风蚀地段，也是造林最难成活的地方。所以，此处造林多采用横设与主风垂直的密集沙障，其间营造灌木林带，株行距一般为 0.5~1m。栽植深度必须超过当年风蚀最大深度，直达沙地的湿沙层。同时，在栽植穴周围培置沙坝，增加粗糙度，改变起沙现象，造成落沙环境，减少风蚀。

5. 固沙用材林

在平沙地或低沙丘区，由于流沙固定，水肥条件得到改善，选用刺槐等树种营造固沙用材片林。

（二）第二道防线——防沙林带

在沙源的周围地区，特别是在流沙前方的农业生产区营造防风固沙林带，以削弱风速，防止流沙进入农田及埋没农田工程，危及河流、道路和村庄。

在沙源四周设置的防护林带不一定与主害风向垂直，应成折线进行，便于耕作。林带位置应根据具体条件而定。一般以制止流沙向前流动、防止侵入农田为原则。林带宽度一般以 10~30m 为宜。林带迎风面营造 3~5 行密植灌木带。

（三）第三道防线——沙地农田林网

在平沙地的农耕地上营造沙地农田林网的目的是削弱风速，减轻风蚀，改变农田小气候，保障农业生产。

林带的走向一般以垂直于主害风向为最好，在有大型的固定地形地物，如渠道、公路、河流等，也可把其走向作为主林带的方向。主林带距可按林带主要树种壮龄期高度的 10~15 倍，副林带距以 300~500m 为宜，主副林带宽度一般是 6~12 行。由于它们多和道路、渠道结合，所以呈行道树型和渠道防护林型配置，为了防止林带积沙，可用通风结构林带。

以细沙为主的单相沉积平沙地上多采用农条间作营造灌木带或沙地灌木林网。

（四）第四道防线——居民点绿化

沙区居民点绿化的目的是进一步削弱风速、美化环境、保障居民点的安全。沙区居民点绿化是沙区造林中不可忽视的一个类型。

1. 护村林带

护村林带在沙区居民点绿化中担负着主要的防沙、固沙任务，其配置因距沙源的远近不同而有不同的形式。

距沙源近的居民点护村林必须和固沙林的配置相一致，把护村林作为固沙造林中的一个类型设置。护村林的宽度不小于20m，迎风面要种几行灌木，而后采用1/2乔、灌混交型，配置成下部紧密、上部稀疏的紧密结构。在居民点迎风面的沙地是流动性很强的流沙时，要采用生物沙障和植树造林相结合的办法进行造林，有条件者要立即封沙，以利迅速固定沙源、保护居民点的安全。要以防沙、固沙为主，在此前提下考虑生产木材和解决"三料"问题。

距沙源远的居民点护村林，由于在风沙流接近居民点前已经历了前三道防线的削弱作用，此时风速的强度、风沙流的密度已大大被削弱，风沙流中的含沙量减少，所以护村林的宽度可限制在10~20m范围内，稀疏结构或通风结构均可，其主要作用是防护和用材并重。这种护村林带一部分逐步发展成为现在的"围村林"，主要树种是刺槐、泡桐、杨树、白榆等。

2. 速生片林

有些村四周土壤肥沃的地方逐步发展成为速生丰产片林。

3. 坑塘绿化

村内、村旁的坑塘经过适当整修，四周栽树；坑内种藕养鱼，增加经济收益。

4. 村中道路绿化

村内的道路两侧一般栽树1~2行。

5. 庭院绿化

院墙四周和大的空隙地多栽植用材树种，也有种植经济树种及花草灌木的。

四、造林技术

（一）整地

流动沙丘或流动沙地采用穴状整地，随整地随造林，如果条件许可，可在雨季前整地，秋、冬季造林。据群众经验，茅草丛生的平坦沙地要在伏天进行全面整地，连续翻耕 2~3 次，即可达到灭茅整地的目的。

（二）造林

营造防风固沙林要选择 1~2 年生、根系完整、生长健壮的实生苗。栽植深度要达到稳定湿沙层，栽后踏实。造林季节以早春解冻后立即进行为最好。例如，在豫东沙地和豫北沙地，群众用打柳橛法造林，效果很好。打柳橛法造林是将 1 年生的 3~5cm 粗的柳枝或柳桩截成 50~60cm，用木榔头直接打入沙地，地上部分与地面平即可。

第四节　水土保持林

一、水土保持林的作用

水土保持林是以减缓地表径流、减少冲刷、防止水土流失、保持和恢复土地肥力为主要目的的林分。它在防止土壤侵蚀中具有重要作用。

（一）增加水分渗透性

森林土壤的物理结构良好，有着很好的透水性，所含团粒的百分比很大，使土壤的孔隙度因非毛管间隙的增多而加大。同时，由于树木的根系深入土层，以及土壤昆虫的孔道和有腐根的地方都是地表水流进土层的通道，因此森林为地下蓄水、排水创造了良好的条件。

（二）减少地表径流

森林的死地被物（枯枝落叶）具有很大的透水性和容蓄水量，以减少地表径流，死地被物能促使森林土壤保持良好的结构，承受雨滴的打击，保护地表以免板结；当有浊流时，还可起过滤作用，把泥沙阻留起来，以防止土粒间孔隙被淤塞，同时还可防止土壤干燥。

森林又能使融雪期大为延长，因此能使雪水慢慢渗入土壤，把地表径流变为地下水。

（三）固结土壤

森林植物根系能固结土壤，防止土壤的流失、冲刷、滑塌等。

二、水土保持林的配置和营造

水土保持林必须根据不同的地形部位、土壤侵蚀情况和防护目的进行全面规划、合理布局，形成水土保持林体系。为此，在规划时必须注意以下三点：

①将水土保持林的规划纳入当地农业生产和土地利用的总体规划之中，正确处理农、林、牧三者的辩证关系。保证农业用地，加速农田基本建设，保证粮食产量不断提高。

②必须以改土治水为中心，实行山、水、田、林、路综合治理，把工程措施与生物措施结合起来。

③以短养长，长短结合。在选择、搭配树种时，要注意把适应性强、见效快的先锋树种、速生树种与生长慢、寿命长、作用稳定持久的目的树种结合起来，用材树种与经济树种、乔木与灌木、草本结合起来。达到"以短养长、长短结合""生态与经济效益兼顾"的目的。

根据"因地制宜"的原则，配置在不同地形部位的水土保持林大体包括梁峁顶部防护林、护坡林和梯田地坎造林、水源涵养林、水库防护林、侵蚀沟造林与河川固滩护岸林等。

（一）梁峁顶部防护林——分水岭防护林

梁峁顶部防护林带主要配置在黄土丘陵区的梁、峁上，其自然特点是：高起突出，互不屏障，高寒风大，气候变化剧烈。其生产特点是：开坡到顶，坡耕为主，产量低而不稳定，是地表径流的起源地。土壤侵蚀主要是面蚀。

在梁、峁上配置防护林，要分析研究梁、峁的形状和土地利用特点。已被垦为农地的浑圆状梁，其水土流失以细沟状面蚀为主，分水岭防护林的位置是在由缓变陡的转折线上，或在多数侵蚀沟沟顶上部，防护林呈带状、横坡呈折线配置，应该采用乔灌混交型，加大灌木比重。在梁、峁的阳坡，由于多属梯田，所以应采用多灌少乔窄带状造林。林带的宽度随当地的土地利用、水土流失情况而定。阴坡多是陡坡荒地，防护林可与护坡林相结合。有公路通过时，防护林要和道路绿化相一致。在梁、峁比较尖削的地区，可直接在梁、峁顶部进行造林，直至坡耕地上方。

（二）斜坡护坡林与梯田地坎造林

1. 斜坡护坡林

在斜坡上，坡地梯田和荒坡多相间存在，这些坡地多属陡坡。坡地土壤非常不稳定且易滑塌，为防止地表径流，可在陡坡修梯田，斜坡和地坎造防护林，建立林业生产基地。

要求护坡林既能发挥最大的防护效能，又能生产木材和解决当地的燃料、饲料之不足。在配置护坡林时，注意加大灌木比重，选择耐干旱、耐瘠薄、改良土壤性能强、生长迅速的速生树种。护坡林带的长度主要取决于坡面的宽窄、梯田的分布情况等，林带宽度则主要由坡面陡缓、径流大小、侵蚀强弱以及土地利用等条件确定。如公式

$$B = \frac{AK_1 + PK_2 + QK_3}{L} \qquad (4-1)$$

式中 B——护坡林的宽度，m；

L——护坡林的长度，m；

A、P、Q——护坡林上方梯田、草地、裸地之面积，m^2；

K_1、K_2、K_3——每平方米梯田、草地、裸地所能产生的最大径流深，mm。

试验证明，护坡林面积一般可占集水面积的 $1/10 \sim 1/6$，护坡林宽度在丘陵沟壑区一般为 $20 \sim 30m$。

2. 梯田地坎造林

可以通过林木根系固结土壤的作用和地上部分对暴雨的拦截作用固持梯田陡坡，使其稳定，由于梯田地坎上部栽植有乔灌木树种，对于削弱强风危害、均匀积雪以及改善其他小气候因子都具有良好影响。

为了防止林木向农田串根，其栽植位置可选择在地坎斜坡的中部，树种则以选用低矮经济灌木为宜。常见的地坎林有：

①地坎侧坡上的柿树园。将小柿树栽在高于 1.7m，坡度小于 $50°$ 的地坎中、下部，株距 $5 \sim 6m$。

②地坎侧坡上的紫穗槐林。由于紫穗槐的侧根多向水平方向延伸，所以栽植在地坎侧坡的中部或稍偏下，株距 $0.5 \sim 1.0m$。

③地坎侧坡上的桑林。在地坎上按株距 $0.5 \sim 1.0m$ 栽植桑树。由于桑树根多，分布均匀而深，因此固结地坎的作用很强。桑条可编织，桑叶可养蚕，具有很好的经济效益。

④地坎侧坡上栽种金银花、花椒、石榴等，以达到固土和增加经济收入的目的。

（三）坡地果树水土保持林

丘陵区充分利用山坡地发展果树是改变单一经营、增加经济收入的一项措施。发展果树要在不与农田争地的条件下，选择距村庄较近、交通方便、土层深厚、背风向阳、日光充足、不遭冻害的地方，发展苹果、枣、葡萄、石榴等。

在平缓坡地上的果园要配置林带。林带结构、防护宽度（距离）随防护对象的要求而定。一般距离为主要树种高度的 $5 \sim 10$ 倍。在较陡坡上栽种果树时，可采用乔灌木林带与果树呈等高带状配置。此种形式有利于保持水土、防风御寒。

山坡下部适合栽种枣树、桃树、苹果树、梨树，中部适合栽种沙果树、山楂树、梨树，上部适合栽种杏树。上部适宜用早熟品种，中部适宜用中熟品种，下部适宜用晚熟品种。在5°~15°的斜坡上栽种苹果树、石榴树，15°~25°斜坡上栽植山楂树、梨树、柿子树等，25°~35°以上可安排种杏树，在阳坡安排种喜光的枣树、桃树，半阳坡栽苹果树、梨树、柿子树，阴坡栽梨树、核桃树、猕猴桃树等。

山地丘陵果园多建在陡坡。为了保土保水，利于果树生长、发育，必须做好整地工作。

1. 窄带梯田

把25°以下的陡坡坡面修成2~4m宽的水平梯田，采用穴距6m，单行栽植，呈品字形排列，果树要栽在梯田内侧1/3处。

2. 大型鱼鳞坑

在25°以上零乱坡地上栽植果树，可挖大型鱼鳞坑，一般坑长1.6m、宽1m、深0.7m，坑距5m×5m，果树栽在坑的内侧，防止露根。

3. 水平沟

在缓坡地上栽植果树，为了防止冲刷，可挖宽0.8m、深0.7m的沟，沟长依地形而定，沟间距采用5m，每隔5m栽一株果树，上下沟的树穴必须错开。

（四）侵蚀沟造林

1. 沟沿及进水凹地造林

沟沿和进水凹地是地表径流开始汇集的场所，在此范围内，一般是沟蚀和重力侵蚀（陷穴、坍塌等）严重。在沟沿以外，土地多属农田，为了制止水流冲力，在沟沿多培一道地边埂。其规格可为顶宽30~50cm、底宽80~120cm、埂高60cm，内坡1:1，外坡1:1/2或支沟之间距离近不易耕作时，多做草地或栽种灌木。为了固定沟岸、调节地表径流和拦截泥沙，多营造沟边防护林。其布设位置和宽度应根据集水区面积大小、沟坡陡缓、沟岸稳定程度及土地利用情况来确定。如果集水面积小，且沟坡不陡、已成自然安息角（35°~45°），沟岸比较稳定，林带可沿边线上2~3m处配置，带宽一般5~10m；如果集水面积大且坡陡峭、沟岸不稳定，则林带应沿沟、沿边坡稳定线（由沟底按土体自然安息角引线与地表之交点线）以上2~3m配置10~15m宽的沟边防护林。

进水凹地（沟掌地）是坡面径流汇集入沟最为集中的地段，强烈的侵蚀作用使沟头不断前进，沟底下切。为了控制径流、固定沟头、制止沟源侵蚀，应配合沟头防护工程，营造沟头防护林。进水凹地由流水线路和两侧坡地造林两部分组成。流水线路实际上是指经常流水的凹地底部，由于它所承受的集中水流较多，宜选用萌蘖性强、枝条密集的灌木，横对水路营造密集的灌木带，以达到缓流挂淤，防止浅沟、切沟的形成。在两侧坡地营造乔、灌木混交林，过滤周围汇集而来的地表径流并生产木材，或栽植果树及其他经济树种。进水凹地的造林宽度主要根据沟掌面积大小、径流量多少和侵蚀程度来定。当沟掌面积小、坡度陡、径流量大、侵蚀严重、沟头前进快，或土壤特别干燥、瘠薄，不宜农作时，可全面造林；当沟掌面积大、坡度缓、径流量小、侵蚀不十分严重，但沟头仍不稳定时，林带宽度按沟深的 1/3~1/2 进行设计。若沟头两侧与其上斜坡为农耕地，林带宽度比沟头中最高水位略宽一些，一般为 10~20m，采用紧密结构林带。

2. 沟坡与沟底造林

对已经停止或正在扩张的沟坡，只要不成垂直陡壁，均可进行造林。造林时应采用水平沟、水平台或鱼鳞坑整地。造林按先下后上、先阴（坡）后阳（坡）的顺序进行。基本固定的大型侵蚀沟，或因工程措施而形成大的平坦肥沃的地块，由于土壤是淤积物，土质疏松，可垦为农田，也可作为果树基地。在发展着的侵蚀沟沟底，为防止沟底下切，可配置编柳谷坊或土插柳谷坊，淤积泥沙，改变沟底坡度，逐渐使柳谷坊或土柳谷坊的柳树迅速成林，使荒废的侵蚀沟底变为林地。

（五）塬面、塬边防护林

营造塬面、塬边防护林是黄土高原地区的特殊地形下的一种水土保持林形式。造林是为了防止风寒霜冻的侵袭、抵抗干旱、减少径流、防止水土流失。所以，在塬面上配置防护林时应按照一般农田防护林进行配置，但注意要在径流易于集中（坡度、塬地形变化的地方）的地段采取一定的分水措施。

塬面坡度较大时，林带应严格按等高线配置。在小地形变化的地方要采取分水措施，严格控制水土流失。林带的实际设计应力求成直线或折线，避免随弯就弯，给农业耕作带来不便。

塬边荒地较多，可以配置较宽的塬边林带。塬边是地表径流急骤下泄的开始地段，营造塬边防护林应与塬边果树和缓冲草带相结合，这是治理较大地表径流的较好形式。

（六）水源涵养林

以涵养水源、改善水文状况、调节水的小循环和防止河流、湖泊、水库淤塞以及保护居民点的饮水水源为主要目的的森林称为水源涵养林。为了达到上述目的，水源涵养林多设置在地形较高或水源上游的集水区内，要和人工用材林、原始次生林结合起来，其造林、经营管理、采伐利用上一定要首先满足水源涵养的要求，严禁皆伐。

为了发挥水源涵养林的最大作用，一定要选择深根性树种，采取乔、灌木结合的复层混交林，在造林时，选用的树种要因地而异。山区主要树种有油松、侧柏、刺槐、核桃、楸、栎类等，伴生树种有桦木、槭类等，灌木树种有榛子、胡枝子、紫穗槐、荆条等。造林整地常采用鱼鳞坑、水平阶、水平沟和窄带梯田等。多用植苗或直播造林。

第五节　经济林

一、油桐

（一）造林地选择

1. 选择适宜的栽培区

营造油桐丰产林必须选择适宜的栽培区。油桐主要栽培区在中亚热带，即北纬 23°45′~33°10′，东经 101°50′~119°58′，包括贵州、湖南、湖北、江西等省的全部，江苏、安徽、河南、陕西等省的南部，广东、广西、福建等省（区）的北部，浙江省的西部，四川省的东部和云南省的东北部。

2. 选择造林地

油桐喜光、喜暖、喜深厚肥沃土壤，怕寒、怕风，不耐阴、不耐瘠薄干旱。因此，造林地应选在背风向阳、排水良好、土层深厚、土壤肥沃、坡度较缓（25°以下）的山脚、山腰、沟边、地边、村旁隙地。以中性或微碱性至微酸性的沙壤土、乌沙土、油黄土、油红土为佳。红黏土较差，硬麻骨石土、沙石土不宜植油桐。油桐丰产林要选择岗地、丘陵的沙壤土和轻、中壤土。

（二）细致整地

油桐根系发达、分布较浅，对立地条件要求较高，因此要细致整地。坡度在10°以下、地势平缓、水土不易流失的地方可采用全面整地，方法是造林前的夏季清除杂灌，烧山后进行全面深翻20~30cm，整地后定点挖穴，捡出树根、石块，填入表土。在坡度为10°~20°时采用水平阶整地，先进行抽槽，修成反坡梯田，梯面宽1.5~2.0m，整地深0.8~1.0m，然后挖大穴栽植或点播。在坡度25°以上、地形复杂、大块岩石裸露的地方，进行块状整地。按照坡形环山开挖长1m、宽50cm、深25cm的沟，回填后修成梯田或鱼鳞坑。

（三）选用良种

为了提高油桐种子产量和质量，必须选用优良品种，实现油桐栽培良种化。

（四）造林

1. 造林密度

一般情况下，纯林每公顷 600 株左右；平缓坡地土壤肥沃，进行短期间作时，每公顷 450 株左右；农耕地上栽种油桐实行长期间作时，每公顷 150 株左右；堰埂地边单行栽植的，株行距 6~7m；栽植早实或小冠品种（如对岁桐、葡萄桐类）每公顷 750~900 株；油桐与油茶混交，株行距 5~10m；与松树、杉木、柳杉、栎类等多采用单行混交，一般 1 行油桐，2~3 行松树或杉木、栎类，油桐距松树或杉木、栎类 3~5m，5~10 年后转向以经营松树（或杉木、栎类）纯林为目的。

2. 造林方法

油桐造林主要采用两种方法：

（1）直播造林

油桐饱满种子发芽率高，出土力强，直播易成活，且省工易管理，目前普遍采用的传统造林方法，俗称"点播"。直播可在秋季或春季进行：秋季果实成熟后，随采随播，一般在"霜降"至"大雪"期间进行；春播以"立春"到"春分"期间较好，春播种子最好进行湿沙层积，也可浸种，将种子放在流水中浸 4~7 天，然后播种。按株行距定点开穴，穴的大小为 80cm×80cm×70cm，施土杂肥 10~15kg。每穴播种 2 粒，覆土 3~4cm。为防止土壤干旱，播时穴浇或播后覆盖，出苗后，及时撤去覆盖物，并防治虫害。

（2）植苗造林

1 年生造林苗木要求为高 80~100cm，地径 1.5cm 以上，顶芽饱满，侧根发达，完全木质化的 Ⅰ、Ⅱ 级苗。造林时，随起苗随栽植，切忌风刮日晒或长期存放，以免干枯，影响成活。栽植时间，河南以 2 月上旬至 4 月上旬为佳。

3. 抚育管理

幼林每年松土除草两次，4—6 月一次，7—9 月一次。松土深度 15~20cm，成林主要是深翻土层 20~25cm，适时施追肥。

二、油茶

（一）造林地选择

油茶对造林地要求不太严格，凡生长有杉木、马尾松等树种的丘陵、山地都可作为油茶造林地。以选择土层深厚、疏松，排水良好，向阳，海拔在 800m 以下，坡度在 25°以下，pH 值为 5~6 的砂质壤土、轻黏壤土为宜，土壤厚度为中层至厚层。

（二）细致整地

1. 整地时间

整地的时间最好是在头年的夏、秋季节。丘陵区农民的整地经验是："伏天全垦整地，冬季挖土作梯。"

2. 整地方式

坡度在 15°以下、水土流失不严重的地方可采用全垦整地。整地深度，山区 20~25cm，丘陵 25~30cm，同时要适当保留山顶、山腰和山脚部位的植被。整地时，清除树根、草根、石块，然后挖穴造林。

坡度在 15°~25°，采取阶梯式整地。环山水平撩壕，挖宽 60cm、深 50cm 的壕沟，将杂草、表土填入壕沟内，筑成外高内低的梯土带，在梯土带内侧开一条深、宽 20~30cm 的竹节沟，以利蓄水保土。带状整地必须沿等高线进行，带宽控制在 2m 左右，带内全垦，带间 1.5~2m，保留原有植被不垦，防止水土流失。

在水土流失严重的地方采用穴垦，按株行距呈品字形排列，定点挖穴，在陡坡、石块多或水土容易流失的地方，进行块状整地，一般是 50m×50m×50cm。

（三）造林

1. 造林密度

油茶纯林以 2.5m×2.5m、2.5m×3m、3m×3m 的株行距比较好。农茶间作的油茶密度分两种形式：只在幼林期间种农作物的株行距以 2m×4m 或 2.2m×5m 比较好；长期实行农茶间作的，株行距采用 3 m×5 m。立地条件较好、土壤肥沃和山脚的地块可采用 2.5m×3m 或 3m×3m 的株行距；中等肥力和山脚的地块可采用 2.5m×2.5m 或 2.5m×3m 的株行距。

2. 造林方法

（1）直播造林

直播分冬播和春播。冬播 11—12 月进行，春播 2—3 月进行。冬播具有早发根、快出苗、苗木壮、抗旱能力强的优点，又可省去种子贮藏的过程。为防止兽害、鼠害，直播时，每穴内滴桐油数滴，或在直播前用农药拌种。每穴放种子 2~3 粒，呈三角形散放，便于以后间苗或移苗。春播种子要在活水中浸 2~3 天，使种子吸水膨胀，促进发芽。播种后，覆土应掌握沙性土略深、黏性土略浅的原则，一般 3~4cm 为佳。

（2）植苗造林

冬、春两季都可栽植。栽植时间应选在早春雨后阴天进行。植苗要做到随起苗随造林，分级栽种，根系舒展，分层踩紧。在干旱地区也可截干造林。

（四）幼林抚育

1. 除草松土

造林当年除草松土 1 次，以后 2~3 年内每年松土除草 2 次，第一次 5—6 月间进行，第二次 9 月下旬至 10 月上旬进行。松土深度一般为 3~5cm，要求造林当年宜浅，以后逐年加深；幼树蔸边宜浅，向外逐渐加深；壤土宜浅，黏土宜深。在杂草生长旺盛的季节可采用草甘膦除草剂除草，每公顷 22.5~30kg 药剂，兑水 450~900kg 进行喷洒。

2. 间苗补苗

植苗造林的油茶，如有缺株，必须选用同品种类型的大苗或容器苗在适宜造林季节进行补植以保全苗。直播造林的油茶在造林后 2~3 年，结合补植，逐渐间除过多的弱株，每穴只保留 1 株生长最好的苗木。

3. 施肥

幼林施肥每年 2 次，冬季施长效肥（有机肥），春季施速效肥（尿素、硫酸铵、磷铵等）。施肥方法以环状沟施和放射状沟施为好。

三、板栗

（一）造林地选择

板栗对气候及土壤等环境条件的适应性较强，其栽培范围很广。板栗最适宜微酸性至中性土壤，pH 值在 4.6~7.0，含盐量不超过 0.2%，碱性土壤使树叶发黄，生长不良；板栗生长发育的气候条件是年平均气温 10.5℃~21.8℃以上、极端最低气温-28℃以下、年降水量在 500mm 以上。适宜的地形条件是背风、光照良好、坡度在 25。以下的丘陵和山区的缓坡地或河滩、谷地。要选择土层厚度 40cm 以上、地下水位 1.5m 以下、pH 值 5.0~7.0，排水良好的壤土、沙壤土或砾质壤土。

营造大面积板栗丰产林，要做好规划设计，设置防护林、道路系统和排灌设施及水土保持工程。

（二）整地

丘陵和山区缓坡地要按等高线整成梯田后挖穴，平地要深翻整平后挖沟或挖穴，穴深

60cm，宽 80cm，表土和底土分放，表土混合有机肥后回填穴底。同时，修好排灌渠道。局部陡坡或地形复杂的栗园，用石块砌成直径 2~3m 的大鱼鳞坑，外高内低，拦土蓄水。

（三）栽植

1. 栽植密度

栽植密度根据土壤、地形、品种和管理水平而定。如采用乔化栽培，在土层深厚、肥沃处，每公顷栽植 150~200 株；土壤干旱地区，每公顷栽植 200~330 株；利用小冠密植栽培，山地每公顷栽 600~900 株，平地每公顷栽 300~600 株。

板栗为异花授粉树种，一般应选择与主栽品种花期相同、成熟期一致的良种作为授粉品种，栽植时，主栽品种树 4~8 行，配置授粉品种树 1 行。

2. 栽植时间

2—3 月上旬，用 2~3 年生长健壮、根系完整的良种嫁接苗进行大穴栽植。每穴施入基肥 50~80 kg，混匀后栽植。

（四）抚育管理

1. 间作

幼龄栗园可间作豆类、花生、甘薯或绿肥作物。树冠覆盖度低于 60% 的中龄栗园亦可间作上述作物。

2. 中耕除草

每年生长季节，中耕除草 2~3 次，清除杂草，疏松土壤。

3. 灌溉

在花期和果实膨大生长期，当土壤含水量低于 60% 时，应及时灌溉。

4. 施肥

栗树对土壤肥力要求高，反应敏感。据在河南省确山县试验，施肥当年的结果树增产了 30% 以上，第二年增产了 1 倍多。栗树施肥通常采用环状沟施，沟宽 15~20cm，深 35cm。特别指出的是，板栗空苞现象非常严重，空苞率高者达 95% 以上。据研究报道，其主要原因是缺硼。春季 3—4 月，大树每株施硼肥 0.3 kg 左右、小树 0.1kg 左右，2~3 年内空苞率下降到 5% 以下。

合理施肥，要参照树体每生产 100kg 栗实需 N3.2kg、P_2O_5 0.76kg、K_2O 1.28kg 的需肥量，按预期产量指标，结合当地土壤肥力和树体营养状态计算施肥量。

基肥：栗树每生产 1kg 栗实须施 5kg 左右有机肥，混入适量磷肥、钾肥，在秋末冬初施入。

追肥：萌芽后追施速效氮肥，果实膨大前（采收前 40 天）追施速效氮肥、磷肥、钾肥，花期叶面喷施 0.1% 的硼肥，结合喷药喷施 0.3%~0.5% 的尿素。

（五）整形修剪

板栗整形，一般多采用主干疏散分层形或自然开心形，能使树冠疏散，透气透光良好，有利于树体生长和结实。

1. 定干

栽植后当年定干，干高 40~80cm。

2. 修剪

树形采用疏散分层形或自然开心形。疏散分层形主枝 5~6 个，2~3 层。第一层 2~3 个主枝，第二层 1~2 个主枝，第三层 1 个主枝。层间距 0.5~1m，第一层枝角 70°~80°，第二层枝角 50°~60°，保持较大叶幕间距，利于立体结果。同时，注意选留侧枝，第一层主枝留侧枝 2~3 个，第二、三层留侧枝 1~2 个，第一侧枝距主干 60cm，侧枝要上下交错，避免重叠对生。

土层较薄的栗园或干形较弱的品种，可采用自然开心形。定干高度 80cm 左右，主干上选留 2~3 个位置均衡、开张强壮的枝条做主枝；在主枝 60~70cm 处，选强壮枝做侧枝。主侧枝上的细弱枝，及时疏除，集中养分供应主枝伸长，扩展树冠。整形时注意开张枝角。剪去内膛细弱枝、徒长枝，保留斜生外围枝，保持树冠舒展。

嫁接幼树生长偏旺，为使其提早成形和结果，应于夏季多次摘心。冬剪时，以"戴帽"短截，可促使萌发结果枝。幼树长到 30cm 时摘心，促发新梢。培养树形，疏除过密枝、交叉重叠枝、病虫枝及细弱枝。

四、核桃

（一）造林地选择

核桃造林地要求的气候条件是：年平均气温 9~16℃，绝对最低气温 -2~25℃，绝对最高气温在 38℃ 以下；年降水量 400~800mm，空气相对湿度 40%~70%；年日照时数在 2000h 以上，无霜期 150d 以上。

核桃造林地要选择背风向阳的山丘缓坡、平地，土层深厚、肥沃、排水良好的沙壤土和壤土，pH 值 7.0~7.5，地下水位 2m 以下。若地下水位高，容易发生烂根、枯梢。核桃喜肥，增加土壤有机质有利于提高产量。

（二）整地

坡度10°以下的缓坡造林地，先沿等高线挖植树穴或鱼鳞坑，然后修成梯田。梯田土层厚度1m以上。植树穴0.8~1.0m见方，回填穴土时施入基肥。

（三）栽植

1. 苗木

选用2年生良种嫁接苗造林。苗木规格要达到：Ⅰ级苗，苗高>60cm，基径>1.2cm，主根保留长度>20cm，侧根15条以上；Ⅱ级苗，苗高30~60cm，基径1.0~1.2cm，主根保留长度15~20cm，侧根15条以上。

2. 栽植密度

据我国的实际情况，多采用果粮间作、散生栽植、密植栽培三种方式。晚实品种适合果粮间作，早实品种适合密植栽培。

栽植密度根据立地条件、核桃品种、耕作制度、管理水平等因素确定。凡土壤肥沃、长期与农作物间作的，株行距6m×12m或7m×14m；不实行长期间作的，一般立地条件株行距8m×8m或10m×10m，立地条件比较差的株行距5m×6m或6m×7m。

核桃不同品种具有雌雄异熟现象，因此应选用花期匹配的良种做授粉树。授粉树比例一般为10：2~10：3，按带状或交叉形配置。

3. 栽植

栽植时期在清明前后。在春季易干旱地区栽植核桃以秋季造林较好，从落叶到土壤冻结前均可栽植，成活率高，发芽早，生长健壮。植树穴的规格因立地条件而异，土质较黏重或底层有石砾时，以1m×1m×1m为宜。栽植按"三埋两踩一提苗"技术要求做到根系舒展、埋土紧实，要求根颈与地面平，栽后修好树盘、灌足水，待水渗下后覆上地膜。

（四）抚育管理

1. 整形修剪

（1）定干

间作的核桃园，定干高1.2~1.5m以上；密植丰产早结果栽培，定干高0.4~1.0m。

（2）整形

中心主枝较旺的，可整成主干疏层形（2~3层，5~7个主枝），中心主枝弱的可整成开心形（主枝3~5个），一般树高不超过7m。在修剪技术中要特别注意在采收后至落叶前或在春季萌芽后进行，这样能避免伤流的发生。另一点要注意控制背后枝，因其长势比背上枝强，如不加以控制，会影响枝头的发育。

2. 土壤管理

（1）培土防寒

核桃幼树抗寒能力差，易出现冻害的地方，新栽幼树要在 3 年内采用弓形培土防寒等有效措施防止冻害。在土壤结冻前，将幼树朝接口对面轻轻弯倒，埋入土中，弓背以上埋土厚度 30~40cm。对不易弯倒的幼树，可进行枝干涂白保护，涂白剂用食盐、生石灰和水按 1：12：30 的重量比配制而成。

（2）除草松土

为促进幼树生长，每年要进行除草、松土，逐年扩大树盘。行间间种农作物（豆类、药材或绿肥作物）。

（3）施肥

大面积核桃丰产园，每年采果后或早春要增施基肥。基肥以有机肥为主，加入适量的过磷酸钙。基肥纯氮量应占总肥量的 2/3 左右。基肥不足时，要追施速效肥料。施肥方法可采用环状沟施、放射状沟施、行沟施和穴状施肥。追肥时间第一次在开花前，第二次在落花后，第三次在硬核期，每次每株追化肥 1~2 kg。

（4）灌水

有灌溉条件的地方结合追肥进行灌溉，第一次灌水在 5 月上中旬，此时正是幼果和新梢速生期，需要大量水分，要及时灌透水；第二次灌水在 6—7 月的果实生长期，要及时浇水 2~3 次；第三次在果实采收后落叶前进行灌水，提高树体越冬能力。无灌溉条件的地方要做好自然降水的拦蓄和保墒工作，容易积水和地下水位较高的地方要注意及时排水。

第六节 生物质能源林

一、黄连木

黄连木主要分布在东经 110°26′~115°26′、北纬 31°38′~36°25′之间的浅山丘陵区，垂直分布在海拔 150~700m，以海拔 400~600m 的丘陵山地最为集中。

（一）造林地选择

黄连木属喜光树种，适生于光照条件充足的地方，在阴坡或庇荫较大的情况下，往往生长不良，结实量也显著降低，但在幼时较耐阴。深根性，主根发达，萌芽力强，抗风力强。对土壤要求不严，耐干旱瘠薄，生长缓慢。喜生于肥沃、湿润、排水良好的壤土中，在平原、低山、丘陵厚土地带和河沟附近生长良好。对土壤酸碱度适应范围较广，在微酸性、中性、微碱性土壤上均能生长。

（二）整地

在土层比较薄的石质山区多采用鱼鳞坑整地，坑长1m，宽0.7m，深0.5m，品字形排列。在土层较厚的丘陵区坡面整齐的地段，可采用水平阶整地，长2~4m，宽0.5~1m，深0.5m，上下边距1~3m，沿等高线呈品字形排列。平原造林采用穴状整地，根据苗木根系大小，挖不同大小、不同深度的穴，大面积造林时，应提前一年整地，秋季的造林地，要在雨季到来之前整地，以利蓄水，增加土壤含水量。

（三）造林

黄连木多用植苗造林，春、秋季均可进行。春季在3月下旬至4月下旬，秋季栽植待苗木落叶后进行。苗木选择1~2年生的健壮苗。冬季多风地带，可截干植苗，留干苗高10~15cm，在鱼鳞坑或水平阶内栽植时，先在坑（阶）内挖小穴，苗木放在穴中央，使苗木根茎低于地表5~10cm。先在根系周围填湿润细土，覆土超过根茎时，用手向上提苗，不使窝根，用脚踏实，再填土与地表取平，再踏实，上覆1~2cm松土保墒。栽后可进行灌水，水渗后覆松土1~2cm，然后再封10~20cm的土堆。

在土壤条件较好的山地可采用直播造林。于秋季种子成熟后，随采随播造林，每穴5~10粒种子，出苗率可达70%以上，但生长较慢，应加强抚育管理，增强对外界环境的抵抗能力。造林密度宜采用3m×3m或4m×4m。

为了减轻黄连木果实遭受种子小蜂的危害，宜造混交林。常在株行距3m×3m的两行黄连木之间，加植一墩紫穗槐；在4m×4m株行距间，加植两墩紫穗槐，以增强土壤肥力。

（四）抚育管理

造林后每年在春季、雨季、秋季进行除草、松土。从造林的第二年，逐年扩大穴盘，直到林分郁闭。播种的林地要清除穴内杂草，防止土壤板结，及时间苗定株。

二、文冠果

天然分布于北纬32°~46°，东经100°~127°，南至河南南部及安徽北部，北到辽宁西北和吉林西南部及西北，东至山东，西至甘肃、宁夏。垂直分布多在海拔400~1400m的山地和丘陵地带。

（一）造林地选择

文冠果为温带树种，深根性，主根发达，较耐干旱瘠薄，适应性很强，对气候、土壤要求不高，在年降水量 250mm 的干旱地区以及多石山区、黄土丘陵、石砾地和地下水位 2m 以下的地方均能生长；耐寒性强，能耐-40℃～-30℃低温，但不耐水涝，在低湿地生长不良。不能选择背阴、低湿地造林。

（二）整地

平地、梯田可以以机深翻，全面整地，深度 30cm。缓坡地以挖带状沟为好。坡度较大的地块采用修筑反坡梯田的方法整地。田面宽 1.2m，里低外高，面平塄硬。反坡梯田内每 2~3m 打一隔断，以防山洪在田内流动积聚，冲毁田埂。坡度大于 25°山地，可采用鱼鳞坑方法整地。

结合回填定植坑，每穴施用农家肥 5kg、尿素 50g、过磷酸钙 100g，与表土混合均匀，填入后适当踩实。

（三）造林

文冠果造林的合理密度应根据不同土壤、肥力、灌溉条件而定。旱地条件下，可按 2m×2m 定植，也可按 3m×2m 定植。有灌溉条件的地块，可按 3m×3m 定植。为了增加早期效益，初期可按 3m×1.5 m 定植，养成大苗后移栽，保留 3m×3m 的密度。

文冠果既可秋栽，也可春栽。春季早栽是提高成活率的关键，土壤解冻后就可以栽植。秋季栽苗在文冠果落叶后进行。秋季栽苗要全埋越冬，栽后及时定干，直立全埋，翌年只将顶端刨开，剩余部分到 7 月雨水增多季节才全刨开，不会影响主枝、侧枝发育，效果非常好。

（四）抚育管理

文冠果一般栽植密度比较大，穴内杂草必须清除干净。若覆盖地膜，则必须严格清除膜下杂草。一般在 4—7 月除草 3 次。

在秋季树叶脱落后进行施肥。4 年生以下幼树一般每株施用农家肥 5kg、过磷酸钙 150g，深度 40~50cm。大树按树盘面积估计施肥量。一般每平方米施用尿素 50g，按尿素的 2 倍用过磷酸钙。农家肥按尿素的 20~50 倍施入。在盛花期，一般只用速效氮肥。用量按树盘面积确定，每平方米用尿素 50g，加水 50 倍均匀灌入，深度 50cm。

每年干旱季节灌水 1~2 次。多雨季节及时排水、防涝。

第五章　林木养护技术

第一节　森林防火技术

一、森林防火基础知识

（一）扑打山火的基本要领

扑打山火时，一脚要站到火烧迹地内侧边缘内，另一脚在边缘外，使用扑火工具要向火烧迹地斜向里打，呈 $40° \sim 60°$。

拍打时要一打一拖，切勿直上直下扑打，以免溅起火星，扩大燃烧点。拍打时要做到重打轻抬，快打慢抬，边打边进。

火势弱时可单人扑打，火势较强时，要组织小组几个人同时扑打一点，同起同落，打灭火后一同前进。

打灭火时，要沿火线逐段扑打，绝不可脱离火线去打内线火，更不能跑到火烽前方进行阻拦或扑打，尤其是扑打草塘火和逆风火时，更要注意安全。

（二）扑救林火的安全措施

扑打火线中，严禁迎火头扑打；不要在下风口扑打；不要在火线前面扑打；扑打下山火时，要注意风向变化时下山火变为上山火，防止被火卷入烧伤。清理火场时，要注意烧焦倾斜"树挂"、倒木突然落倒伤人，特别是防止掉入"火坑"，发生烧伤。

（三）扑救森林火灾战略

①划分战略灭火地带。根据火灾威胁程度不同，划分为主、次灭火地带。在火场附近无天然和人为防火障碍物，火势可以自由蔓延，这是灭火的主要战略地带。在火场边界外有天然和人工防火障碍物，火势不易扩大，当火势蔓延到防火障碍物时，火会自然熄灭。这是灭火地次要地带，先灭主要地带的火，后集中消灭次要地带的火。

②先控制火灾蔓延，后消灭余火。

③打防结合，以打为主。在火势较猛烈的情况下，应在火发展的主要方向的适当地方开设防火线，并扑打火翼侧，防止火灾扩展蔓延。

④集中优势兵力打歼灭战。火势是在不断变化之中的，扑火指挥员要纵观全局，重点部位重点布防，危险地带重点看守，抓住扑火的有利时机，集中优势力量扑火头，一举将火消灭。

⑤牺牲局部，保存全局。为了更好地保护森林资源和人民生命财产安全，在火势猛烈、人力不足的情况下采取"牺牲局部，保护全局"的措施是必要的。保护重点的秩序是：先人后物，先重点林区后一般林区；如果火灾危及林子和历史文物时，应保护文物后保护林子。

⑥安全第一。扑火是一项艰苦的工作，紧张的行动，往往会忙中出错，乱中出事。扑火时，特别是在大风天扑火，要随时注意火的变化，避免被火围困和人身伤亡。在火场范围大、扑火时间长的过程中，各级指挥员要从安全第一出发，严格要求，严格纪律，切实做到安全打火。

（四）扑灭森林火灾的途径

①散热降温，使燃烧可燃物的温度降到燃点以下而熄灭，主要采取冷水喷洒可燃物物质，吸收热量，降低温度，冷却降温到燃点以下而熄灭；用湿土覆盖燃烧物质，也可达到冷却降温的效果。

②隔离热源（火源），使燃烧的可燃物与未燃烧可燃物隔离，破坏火的传导作用，达到灭火目的。为了切断热源（火源），通常采用开防火线、防火沟，砌防火墙，设防火林带，喷洒化学灭火剂等方法，达到隔离热源（火源）的目的。

③断绝或减少森林燃烧所需要的氧气，使其窒息熄灭。主要采用扑火工具直接扑打灭火、用沙土覆盖灭火、用化学剂稀释燃烧所需要氧气灭火，就会使可燃物与空气形成短暂隔绝状态而窒息。这种方法仅适用于初发火灾，当火灾蔓延扩展后，需要隔绝的空间过大，投工多，效果差。

（五）脱险自救方法

①退入安全区。扑火队（组）在扑火时，要观察火场变化，万一出现飞火和气旋时，组织扑火人员进入火烧迹地、植被少、火焰低的地区。

②按规范点火自救。要统一指挥，选择在比较平坦的地方，一边点顺风火，一边打两侧的火，一边跟着火头方向前进，进入点火自救产生的火烧迹地内避火。

③按规范俯卧避险。发生危险时，应就近选择植被少的地方卧倒，脚朝火冲来的方向，扒开浮土直到见着湿土，把脸放进小坑里面，用衣服包住头，双手放在身体正面。

④按规范迎风突围。当风向突变，火掉头时，指挥员要果断下达突围命令，队员自己要当机立断，选择草较小、较少的地方，用衣服包住头，憋住一口气，迎火猛冲突围。人在 7.5s 内应当可以突围，千万不能与火赛跑，只能对着火冲。

（六）常用的扑火战术

① "单点突破，长线对进突击"战术。扑火队从某一个地点突入火线，兵分两路，进行一点两面作战，最后合围。这种战术选择突破点是关键，一般是选择接近主要火头的侧翼突入，火势较强的一侧大量配置兵力，火势较弱的一侧少量布兵力，这种战术的特点是：突破点少，只有一个扑火队连续扑打的火险和火势突变可能性小的情况下采用，但由于扑火队能力有限，大面积火场不宜采用。

②多点突破，分击合围战术。这是一种快速分割灭火的实用战术实施时，若干个扑火小队（组），选择两个以上的突破口，然后分别进行"一点两面"作战，各突破口之间相互形成分击合围态势，使整个火场分割成若干个地段，将火迅速扑灭。这种战术的特点：突破口多，使用兵力多，全线展开，每个扑火队（组）间的战线短，扑火效率高，是扑火队常用战术。

③四面包围，全线突击战术。这种战术是以足够的兵力扑打初发火、小面积火时的实用战术。主要是采用"全线用兵，四面围歼"的办法扑火，既扑打火头，又兼顾全局，一鼓作气扑灭火灾。蔓延强烈的一侧兵力多于较弱的一侧，顺风火的兵力多于逆风火和侧风火，上山火的兵力多于下山火。

④一次冲击，全线控制战术。这种是将全部兵力部署在火线的一侧或两侧，采用一个扑火层次，全力扑打明火，暂不清理余火，也不留后续部队和清理火场队伍，力求在短暂时间内消灭明火，以控制火场局势，然后再组织消灭残余火。"一次冲击"的距离一般荒坡 400~500m，危险地段 150~200m，有林地 500m 左右。这种战术多半用在火危及居民区、重要设施时，会给国家和人民生命财产安全造成巨大威胁时使用。

（七）扑灭森林火灾基本原理和方法

在扑灭森林火灾时，只要控制住发生火灾的任何一因素，都能使火熄灭。

1. 原理

降低可燃物的温度，低于燃点以下；阻隔可燃物，破坏连续燃烧的条件；使可燃物与空（氧）气隔绝。

2. 基本方法

（1）冷却法

在燃烧的可燃物上洒水、化学药剂或湿土用来降低热量，让可燃物温度降到燃点以下，使火熄灭。

（2）隔离法

采取阻隔的手段，使火与可燃物分离，使已燃的物质与未燃的物质分隔。一般采取在可燃物上面喷洒化学药剂，或用人工扑打、机翻生土带、采用高速风力、提前火烧、适度爆破等办法开设防火线（带）等，使火与可燃物、已燃烧的可燃物与未燃烧的可燃物分隔。同时，通过向已燃烧的可燃物洒水或药剂，也能增加可燃物的耐火性和难燃性。

（3）窒息法

通过隔绝空气使空气中的含氧率降低到14%以下，使火窒息。一般采用机具扑打，用土覆盖，洒化学药剂，使用爆破等手段使火窒息。

二、国内森林防火技术

（一）目前国内森林防火监测技术

1. 地面巡护

地面巡护，主要任务是向群众宣传，控制人为火源，深入瞭望台观测的死角进行巡逻。对来往人员及车辆，野外生产和生活用火进行检查和监督。存在的不足是巡护面积小、视野狭窄、确定着火位置时，常因地形地势崎岖、森林茂密而出现较大误差；在交通不便、人烟稀少的偏远山区，无法实施地面巡护，须用各种交通工具费用及人员工资费用，只能用视频监测方法来弥补。

2. 瞭望台监测

瞭望台监测，是通过瞭望台来观测林火的发生，确定火灾发生的地点，报告火情，它的优点是覆盖面较大、效果较好。存在的不足：无生活条件的偏远林区不能设瞭望台；它的观察效果受地形地势的限制，覆盖面小，有死角和空白，观察不到，对烟雾浓重的较大面积的火场、余火及地下火无法观察；雷电天气无法上塔观察；瞭望是一种依靠瞭望员的经验来观测的方法，准确率低，误差大。此外，瞭望员人身安全受雷电、野生动物、森林脑炎等的威胁。

3. 航空巡护

航空巡护是利用巡护飞机探测林火。它的优点是巡护视野宽、机动性大、速度快，同时对火场周围及火势发展能做到全面观察，可及时采取有效措施。但也存在着不足：夜间、大风天气、阴天能见度较低时难以起飞，同时巡视受航线、时间的限制，而且观察范围小，只能一天一次观察某一林区，如错过观察时机，当日的森林火灾也观察不到，容易酿成大灾，固定飞行费用 2000 元/h，成本高，租用飞机费用昂贵，飞行费用严重不足，这就需要用定点视频监测来弥补其不足。

4. 卫星遥感

卫星遥感，利用极轨气象卫星、陆地资源卫星、地球静止卫星、低轨卫星探测林火。能够发现热点，监测火场蔓延的情况，及时提供火场信息，用遥感手段制作森林火险预报，用卫星数字资料估算过火面积。它探测范围广、收集数据快、能得到连续性资料，反映火的动态变化，而且收集资料不受地形条件影响，影像真切。

存在的不足：准确率低，需要地面花费大量的人力、物力、财力进行核实，尤其是交通不便的地方，火情核实十分重要。在接到热点监测报告 2h 内应反馈核查情况和结果。热点达到 3 个像素时，火已基本成灾。从卫星过境到核查通知扑火队伍时间过长，起不到"打早、打小、打了"的作用。

（二）森林防火隔离带

森林防火隔离带即为了防止火灾扩大蔓延和方便灭火救援，在森林之间、森林与村庄、学校、工厂等之间设置的空旷地带。森林防火隔离带的设置是一种重要的森林防火途径。

开辟森林防火隔离带的目的是把森林分割成小块状，阻止森林火灾蔓延。林业发达的国家很重视开辟防火隔离带。对此，我国十分重视，开辟防火隔离带是国内防止林火蔓延的有效措施之一。在大面积天然林、次生林、人工与灌木、荒山毗连地段，预先做出规划，有计划地开辟防火隔离带，以防火隔离带为控制线，一旦发生山火延烧至防火隔离带，即可阻止山火的蔓延。

（三）森林防火隔离带的分类

林内防火隔离带。就是在林内开设防火隔离带，设置时可与营林、采伐道路结合起来考虑，宽度为 20~40m。

林缘防火隔离带。在森林与灌木或荒山接连地段，开辟防火隔离带，也可结合道路、河流等自然地形开辟，宽度一般为 30~40m。

（四）林场森林防火带的设置

森林防火隔离带设置要与主风方向垂直。首先，应找出林区的主风方向，在最前端与主风方向垂直处开设第一条防火隔离带。此处是林场的前缘，设置防火隔离带保护的面积最大、作用最好。

森林防火隔离带设置的位置为山脊向下（背风面）或山谷向上（迎风面）处。这些地方是火势发展最慢区，是最宜控制的地区，同时也是植被较少区。在此设置防火隔离带可以有效减少风力作用，效果最好。

森林防火隔离带设置的密度一般是结合林地实际和地形确定，但不宜突破 5km，太远效果差。

森林防火隔离带的宽度 40~60m。草坡一般设 10m 宽，而乔木、灌木林地一般要设 60m 宽。

（五）森林防火带的开设

①伐除地上物。对于植被较好的林地，经技术人员设计并标好位置，经过审批首先要伐除地上物。伐除顺序是先灌木后乔木，以防被压。伐除工具用油锯。伐倒后彻底清理，把伐除地上物全部清出防火隔离带界线外。

②杂草的清理。用森草净采用喷雾或撒土方法，一般每亩用量 50~100g，喷、撒一次即可。此农药毒性大，使用之前必须经过详细考核论证，以免出现不良后果。喷、撒时间在当地是夏初植物刚发芽的时候。为保证效果，一定要喷、撒均匀，同时选择晴天进行。此药是通过根部吸收，所以时间较长，一般一个月后见效，待植被根部死亡植株完全干枯后用铁耙人工清理出防火隔离带，使防火隔离带土壤全部裸露出来，发挥出防火隔离带的隔离作用。

③人工破土。如果森林防火隔离带开设地不宜使用森草净就需要进行人工破土。方法有三：一是用拖拉机进行机械破土，此法适宜在较平坦且土层较厚的地方实施；二是用步犁耕，对于立地条件较差的地方，拖拉机无法作业时使用此法效果较好，我们的北线防火隔离带采用了此法，效果很好；三是在坡陡土少的地方人工用镢头进行翻土。不论哪种方法都必须翻够一定深度，把植被根全部翻出来，保证防火隔离带全部露出土壤来。

第二节　病虫鼠害防治技术

一、森林病虫害防治技术

（一）我国常见的森林病虫害

最常见的有松毛虫、松干蚧、竹蝗、光肩星天牛、青杨天牛、粗鞘双条杉天牛、杨干象、松毒蛾、松梢螟、杉梢小卷蛾、落叶松鞘蛾、落叶松花蝇等害虫，以及落叶松落叶病、落叶松枯梢病、杉木炭疽病、泡桐丛枝病、枣疯病、松苗立枯病、松针褐斑病、松树萎蔫病、毛竹枯梢病、油茶炭疽病、杨树烂皮病、木麻黄青枯病等病害。

（二）具有重大危险性的森林病虫害

1. 蝗灾

蝗灾是一种威胁我国农业生产的生物灾害，与水灾、旱灾并称三大自然灾害。回顾近2700多年的历史，我国已发生大小蝗灾 940 多次。最早的蝗灾记载是公元前 707 年，唐、宋时期平均 2~3 年发生一次，明、清和民国时期几乎连年发生。1929 年，全国 11 个省的168 个县遭受蝗灾，损失上亿元，当时江苏下蜀镇的蝗群将铁轨覆盖，致使火车无法通行。1943 年，河北黄骅市的蝗虫吃完了芦苇和庄稼，又像洪水一样冲进村庄，连窗纸都被吃光，甚至婴儿的耳朵也被咬破。旧中国每次蝗灾的暴发，常造成"飞蝗蔽天、赤地千里、禾草皆光、饥荒四起"，给中国人民造成了严重的灾难。

2. 松材线虫枯萎病

1982 年，我国在南京中山陵首次发现松材线虫引起黑松大量枯萎死亡。现该病已扩展到 6 省 1 市，发生面积达 7 万平方百米，死亡松树 1600 万株，已严重威胁到安徽黄山、浙江西湖等风景名胜区的安全，以及整个中部及南部的大面积松林。目前，对松材线虫病的防治采取了清理病死木，杀灭天牛成虫，熏蒸处理病死木和加强对疫区病木的检疫等防治措施，这些措施对防止此病的迅速蔓延扩展起到重要作用。但从全国来说，该病害无论在局部面积还是整体范围上均呈扩展蔓延之势，其主要原因是防治措施不到位；同时，一些新疫点的形成也不排除从国外再度传入病原的可能性。

3. 美国白蛾

美国白蛾于 1979 年传入我国辽宁，因其繁殖力强，食性杂（可危害 200 多种寄主），适生范围广、传播速度快，目前已传播到 4 省 3 市（包括陕西、辽宁、山东、河北、北京、上海和天津等），是一种引起严重损失的危险性食叶害虫。防治措施以自然（天敌）控制为主，辅以人工剪网、围草把等人工物理措施和化学防治措施，用这些方法在一些地区取得了很好的防治效果，基本上达到虫在树上不成大灾或虫不下树、不进田。如 1996年底在陕西境内的美国白蛾已被基本扑灭。但近年此虫又有进一步蔓延危害之势。

4. 杨树蛀干类害虫和食叶类害虫

在我国，对杨树危害最严重的蛀干类害虫为各种天牛。北方主要是光肩星天牛和黄斑星天牛，南方主要是桑天牛和云斑天牛。我国北方的"三北"防护林由于杨树天牛的危害，一代林网已几乎完全毁灭，二代林网据统计也有 80% 以上的杨树林受害，其中 50% 以上的杨树林由于严重受害而不得不完全砍除。1995 年，三北地区有 913 万公顷新植防护林严重受害（其中杨树受害面积达 467 万公顷），占三北新造防护林的 77%。杨树天牛成为北方杨树发展的一大障碍。在这些地区杨树受害后其寿命缩短到了 10 年左右。在南方的湖北、湖南等地，大面积栽植的欧美杨也遭受到桑天牛和云斑天牛的严重危害。目前对杨树天牛的防治除了从树种配置等方面来考虑外，别无其他根治性措施或更有效应用的措施。近几年，杨树食叶害虫在河南和江苏大面积暴发成灾，其主要种类为杨扇舟蛾和杨小舟蛾。仅 1999 年河南全省 4 亿株杨树就被害 2 亿株，其中，中重度受害的有 1.2 亿株，叶全吃光近 3000 株，造成直接经济损失达 3 亿多元。在江苏苏北平原的杨树上这两种食叶害虫在 1999 年和 2000 年也造成了大面积灾害，在一些省份发生仍较严重。

（三）危害花木苗圃的主要地下害虫的防治

危害花木苗圃的地下害虫主要有地老虎、蝼蛄、蛴螬、金针虫、白蚁等。

1. 地老虎的防治方法

①诱杀成虫。根据成虫的趋光性，在成虫羽化盛期点灯诱杀，或用糖醋毒液毒杀成虫。

②种植诱集作物。春季在苗圃中撒播少量苋菜籽，吸引害虫到苋菜上危害，以减轻对花木的危害。

③人工捕杀。清晨在断苗周围或沿着残留在洞口的被害枝叶，拨动表土 3~6cm，可找到幼虫。每亩地用 6%敌百虫粉剂 500g，加土 25 000 g 拌匀，在苗圃撒施，效果好。

2. 蝼蛄的防治方法

①灯光诱杀成虫，晴朗无风闷热天气诱集量尤多。

②用 50%氯丹粉加适量细土拌匀，随即翻入地下。约每亩地用药 2500g。

③蝼蛄具有强烈的趋化性，尤喜香甜物品。因此，用炒香的豆饼或谷子 500g，加水 500 克和 40%乐果乳剂 50g，制成毒饵，以诱蝼蛄。

3. 蛴螬的防治方法

①用 40%氧化乐果 500 倍液、5%敌杀死 1800 倍液喷杀成虫。

②用 50%氯丹粉剂加适当细土拌匀，翻入土下，毒杀幼虫。

③在幼虫盛发期用 50%辛硫磷 600 倍液浇于土中，对消灭幼虫有良效。

4. 金针虫的防治方法

①金针虫的卵和初孵幼虫，分布于土壤表层，对不良环境抵抗力较弱。翻耕暴晒土壤，中耕除草，均可使之死亡。

②用防治蝼蛄的方法氯丹粉剂处理土壤。

5. 白蚁的防治方法

①白蚁有趋光性，五六月间点灯诱杀有翅蚁。

②用 50%氯丹乳剂 1000 倍液浇根，驱杀地下白蚁。

③对准蚁巢喷灭蚁。

（四）森林病虫害的危害

我国病虫草鼠害年均发生面积达 54 亿亩，虽经防治挽回大量经济损失，但每年仍损失粮食 4000 万吨，约占全国粮食总产量的 8.8%。其他农作物如棉花损失率为 24%，蔬菜和水果损失率为 20%~30%。

（五）林业有害生物的生物防治内容

生物防治实质上是利用生物种间关系调节有害虫群密度的措施，也即利用害虫天敌控制害虫的方法。它包括以下三个方面的内容：

1. 天敌昆虫的利用

利用赤眼蜂防治松毛虫，利用管氏肿腿蜂防治天牛类害虫，利用茧蜂防治松毛虫、舞毒蛾等害虫，利用啮小蜂防治舟蛾、白蛾等都得到了一定的应用。常见的捕食性天敌昆虫如瓢虫、螳螂、草蛉等。近年来利用瓢虫防治蚜虫、蚧壳虫方面取得了一定的进展。

2. 微生物治虫

微生物治虫包括利用细菌、真菌、病毒、线虫、原生动物、立克次体等防治害虫。

①细菌的应用。苏云金杆菌作为一种微生物杀虫剂，与化学农药相比，其突出优点就是对人畜无害，不污染环境。

②真菌的应用。

③病毒的应用。目前病毒杀虫剂的剂型有可湿性粉剂、乳剂、乳悬剂、水悬剂等。

3. 鸟类在害虫防治中的应用

"以鸟治虫"是一种传统方法，对控制害虫有一定的作用，且具有经济、环保、持效性的特点，因此仍是森林害虫生物防治措施中可以采取的方法之一。常见的有杜鹃、大山雀、啄木鸟等 20 多种。它们大多数捕食害虫，对降低害虫虫口密度、维护森林生态平衡具有一定的益处，当害虫种群密度不大时，鸟类对害虫的调节作用最明显。但在大面积的人工林内食虫鸟的种类和数量都较混交林少，这是因为食虫鸟类数量的增多常受鸟巢数量不足及生境不适宜所限制，所以必须帮助明巢鸟类、穴居鸟类等采取人工挂巢箱或朽木块等措施进行招引，以增加鸟类的数量。益鸟的招引包括冬季在林内为食虫益鸟给饵，在干旱地区给水，在林内栽植益鸟食饵植物，在结构单纯的林分中栽植适合鸟类营巢的树种等。

（六）林业有害生物的物理防治内容

物理防治作为综合治理措施中的一种，具有简便实用、无环境污染、效果直接等特点。物理防治的主要措施有以下三种：

1. 人工捕杀

对于昆虫个体较大，容易捕捉的种类，如果暴发成灾，可动员周围居民进行人工捕捉以配合其他防治措施进行防治，可达到成本低、见效快的效果。如银杏大蚕蛾与松毛虫的幼虫与茧的人工捕杀、栗山天牛灯诱捕捉、青杨天牛的人工剪除虫瘿等都是人工捕杀的实例。

2. 隔离法

对于在一定区域内传播快，扩散蔓延迅速的害虫，为防止和限制其进一步传播蔓延，达到保护未发生地森林资源安全的目的，可在病虫害的发生地与被保护地之间建立一定宽度和长度的无寄主隔离带，阻碍病虫害的进一步扩散。

3. 诱杀法

利用害虫的某些趋性特征诱集捕杀，不但方法简便易行，而且经济高效。

①灯诱捕杀：利用大多数昆虫的趋光性特征灯诱捕杀。

②信息素：林间弥散昆虫性信息素合成物的气味，干扰昆虫雌雄间的交配通信；利用信息素诱捕器对害虫实施诱捕。

信息素具有专一性、无公害、保护天敌等优点，已逐步成为农林害虫综合防治中不可缺少的手段之一。较常用的有舞毒蛾、杨树透翅蛾、小蠹虫等性信息素。

（七）林业有害生物的化学防治内容

在森林生态系统中，由于一个或几个昆虫种群的急剧增加，导致森林生态系统失去平衡，而其他防治措施又不能迅速地降低虫口，为保护林木，维护正常的生态平衡，这时化学防治措施作为一种急救手段，发挥着重要的作用。

高效、低毒、安全、经济，每公顷使用几克或几十克就能有效地控制病虫、草害的药剂已不罕见。农药的安全性是十分复杂的问题，它包括药剂本身及其代谢产物对人畜等高等动物、对天敌、对水生生物和土壤中一切有益生物低毒，没有环境污染和残留毒性问题。所谓"无公害药物"或"无污染农药"，其核心就是其安全性较常规农药有显著的提高，在正常使用下，不会造成"公害"或"污染"，高毒、环境污染严重、选择性差的农药将逐步被淘汰。

二、森林鼠害防治技术

（一）森林鼠害发生的主要原因

①森林害鼠自身特点易对林木造成危害，鼠类的个体小、食性杂，绝大多数营地下生

活，在洞穴内繁殖、冬眠和储藏食物，能适应各种恶劣的环境条件，再加上很强的繁殖能力，成为哺乳动物中最大的类群，分布于全世界。而且，鼠类的齿隙很宽，没有犬齿，门齿呈锄状且终身生长，须经常啃食磨牙；鼠类活动范围很窄，只是固定在离洞穴 200m 之内，因此，在适宜的条件下能够迅速增殖、暴发成灾，使大面积的森林毁坏、枯死。

②生存环境发生变化引起森林鼠害大发生。森林鼠害属于一种生态灾难，其主要原因，首先，是自然生态受人为活动等影响失去平衡，引起森林鼠害大暴发。例如，害鼠天敌由于人为捕杀等原因迅速减少，失去天敌制约的森林害鼠就会大量繁殖。其次，由于食物短缺，尤其是在冬季其他食物缺乏时，森林害鼠也会大量地以树木为食，危害森林。最后，由于森林资源采伐过度，林地生态环境受到很大改变，森林害鼠也会为保护种群延续而大量繁殖。

③西北特殊的生态环境加剧害鼠危害。西北黄土高原地区气候干旱、环境恶劣，可选择树种少，新造林地林分结构不合理、树种单一，且多为森林害鼠所喜食树种，易受危害。随着退耕还林等工程的实施，西北地区林草植被面积大幅度增加，食物资源丰富，害鼠生存压力减轻，繁殖能力趋强。国家收缴猎枪，实施野生动物保护和封山禁牧，人工捕杀、人畜干扰活动减少，为害鼠种群迅速扩大提供了条件。退耕还林地以前是农田，食物充足，鼠类很多；耕地转为种树后，当地食物相对减少，鼠类被迫以树木为食，危害新植林。

④防治措施不力使森林鼠害加重。因对森林害鼠进行防治的方法不科学、药剂使用不当，也会加重其危害。例如，由于长期、单一地使用化学杀鼠剂，森林害鼠产生了抗药性和拒食性而使防治失效，种群数量迅速上升。在退耕还林区，由于还林地为农民自己经营，在经验、技术和资金等方面受到限制，很难对森林鼠害及时、有效治理，退耕还林地的森林鼠害问题日益突出。

（二）鼠情监测

鼠情预测预报工作必须强化。要实行定点、定人、定期、定方法的调查和监测，监测内容包括害鼠的种群消长、迁徙、扩散以及抗药性等技术指标。要经常普查，及时掌握鼠情动态，使预测预报成为防治工作的"耳目"。

1. 应施调查的寄主林分

各地区根据当地的实际情况，对本地区未成林造林地、中幼龄林及其他易受鼠害的林分调查。

调查以林场（乡镇）为单位，按调查人员责任区以及地块（位置相邻、条件相似的自然地块可合并为面积不超过 30 公顷的 1 个地块），对所有应施调查的寄主林分地块编号，并列表。

2. 鼠情线路踏查

春季雪化时（已露出被害状）或其他时间，按调查地块的形状选择一条最长的对角线，采用线路踏查调查法，等距选取 100 株样树，调查林木被害株率，将踏查结果填入附表。

3. 标准地内鼠危害程度调查

在线路踏查时，选择被害株率超过 3% 的地块 20~30 处，设立标准地展开当年有无被啃斑痕、危害等级、林木受害程度的调查。

①地上鼠类。每块标准地面积 1 公顷，其内树木不少于 200 株，随机抽取 60 株样树，进行危害程度的调查。

②地下鼢鼠类。每块标准地面积 1 公顷，随机抽取 200 株样树，记录当年死亡株数，将结果填表。

③西北荒漠林害鼠。荒漠地区的害鼠（如沙鼠类），善于爬高以啃食梭梭等树木的幼嫩枝条，状如刀割，仅剩光秃的茬桩；并在树木的根部挖穴穿孔，严重破坏根系，致使梭梭林成片死亡。

每块标准地面积 1 公顷，随机抽取 200 株样树，逐株调查有无被害及被害程度，记录各级被害株数和死亡株数，将结果填表。

4. 标准地鼠种类和密度调查

①地上鼠类。每年于 4 月上旬和 10 月中旬，在监测临时标准样地内，将 100 只鼠夹按 5m 间距方格布放，间隔 24h 进行检查，用空夹将已捕获鼠的鼠夹替换，72h 后将捕鼠夹全部收回。逐日调查鼠害种类组成和捕获率，将结果填表。

②地下鼢鼠类。每种立地类型选择一块面积为 1 公顷的辅助标准地，统计标准地内当年的土丘数。根据土丘挖开洞道，凡封洞者即为有效洞。确定有效洞口后设置地弓箭进行人工捕杀，连续捕杀三昼夜，统计捕获的鼠种类组成和捕获率，将结果填表。

③西北荒漠林害鼠。每年于 4 月上旬和 10 月中旬，在监测临时标准样地内，将 100 只鼠夹按 5m 间距方格布放，间隔 24h 进行检查，用空夹将已捕获鼠的鼠夹替换，72h 后将捕鼠夹全部收回。逐日调查鼠害种类组成和捕获率，将结果填入表格中。

（三）鼠害防治措施

1. 生态控制措施

生态控制措施，是指通过加强以营林为基础的综合治理措施，破坏鼠类适宜的生活和环境条件，影响害鼠种群数量的增长，以增强森林的自控能力，形成可持续控制的生态林业。

森林鼠害防治必须从营造林工作开始，要在营造林阶段实施各种防治措施，对森林鼠害预防性治理。

①造林设计时，首先考虑营造针阔混交林和速生丰产林，要加植害鼠厌食树种（如西北地区的沙棘、柠条等）、优化林分及树种结构（东北在大林姬鼠、棕背鼠平、红背鼠平占优势的地区，营造落叶松；在东方田鼠和东北䶄鼠占优势的地区，多营造樟子松），并合理密植以早日密闭成林。

②造林前，要结合鱼鳞坑整地进行深翻，破坏鼠群栖境；将造林地内的枝丫、梢头、倒木等清理干净，以改善造林地的卫生条件。

③造林时，要对幼苗用树木保护剂做预防性处理（可以用防啃剂、驱避剂浸蘸根、茎）；对于有地下鼢鼠活动的地区，要实行深坑栽植，挖掘防鼠阻隔沟。

④造林后，在抚育时及时清除林内灌木和藤蔓植物，搞好林内环境卫生，破坏害鼠的栖息场所和食物资源；控制抚育伐及修枝的强度，合理密植以早日密闭成林；定点堆积采伐剩余物（树头、枝丫及灌木枝条等），让害鼠取食。在害鼠数量高峰年，可采用代替性食物防止鼠类危害，如为害鼠过冬提供应急食物，以减轻对林木的危害。

对于新植幼林，营林部门要切实加强监管，发现鼠害，要立即对害鼠实施化学药剂防治。

2. 天敌控制措施

根据自然界各种生物之间的食物联系，大力保护利用鼠类天敌，对控制害鼠数量增长和鼠害的发生，具有积极作用。

①林区内要保持良好的森林生态环境，实行封山育林，严格实行禁猎、禁捕等项措施，保护鼠类的一切天敌动物，最大限度地减少人类对自然生态环境的干扰和破坏，创造有利于鼠类天敌栖息、繁衍的生活条件。

②在人工林内堆积石头堆或枝柴、草堆，招引鼬科动物；在人工林缘或林中空地，保留较大的阔叶树或悬挂招引杆及安放带有天然树洞的木段，以利于食鼠鸟类的栖息和繁衍。

③有条件的地区，可以人工饲养繁殖黄鼬、伶鼬、白鼬、苍鹰等鼠类天敌进行灭鼠。

3. 物理防治

对于害鼠种群密度较低、不适宜进行大规模灭鼠的林地，可以使用鼠夹、地箭、弓形夹等物理器械，开展群众性的人工灭鼠。也可以采取挖防鼠阻隔沟，在树干基部捆扎塑料、金属等防护材料的方式，保护树体。

4. 化学灭鼠

对于害鼠种群密度较大、造成一定危害的治理区，应使用化学灭鼠剂防治。

化学杀鼠剂包括急性和慢性的两种，含一些植物，甚至微生物灭鼠剂：急性杀鼠剂（如磷化锌一类）严重危害非靶向动物，破坏生态平衡，对人畜有害，应尽量限制其在生产防治中的使用。

慢性杀鼠剂中的第一代抗凝血剂（如敌鼠钠盐、杀鼠醚类）需要多次投药，容易产生耐药性，在防治中不提倡使用此类药物。第二代新型抗凝血剂（如溴敌隆等）对非靶向动物安全，无二次中毒现象，不产生耐药性，可以在防治中大量使用。但应适当采取一些保护性措施，如添加保护色、小塑料袋包装等。大隆类药物因具有急、慢性双重作用，二次中毒严重，在生产防治中应慎用。

5. 生物防治

生物防治属于基础性的技术措施，要配套使用，并普遍、长期地实行，以达到森林鼠害的自然可持续控制。现在提倡使用的药剂可以分为三种：

①肉毒素。肉毒素是指由肉毒梭菌所产生的麻痹神经的一类肉毒毒素，它是特有的几种氨基酸组成的蛋白质单体或聚合体，对鼠类具有很强的专一性，杀灭效果很好，在生产防治中可以推广应用；但是，该类药剂在使用中应防止光照，且不能高于一定温度，还要注意避免小型鸟类的中毒现象。

②林木保护剂。林木保护剂是指用各种方法控制鼠类的行为，以达到驱赶鼠类保护树木的目的，包括防啃剂、拒避剂、多效抗旱驱鼠剂等，由于该类药剂不伤害天敌，对生态环境安全，可以在生产防治中推广应用，尤其是在造林时使用最好。

③抗生育药剂。抗生育药剂是指能够引起动物两性或一性终生或暂时绝育，或是能够通过其他生理机制减少后代数量或改变后代生殖能力的化合物，包括不育剂等药剂。

该类药剂可以在东北地区推广应用，在其他地区要先进行区域性试验。

三、森林兔害防治技术

（一）兔情监测

为切实做好野兔防治工作，各兔害发生区在造林前后（特别是造林前）要对兔害发生情况进行及时监测，做到早调查、早发现、早预防、早治理，为生产防治提供依据。

1. 监测内容

监测内容包括林木被害程度（含被害株率、死亡株率）及害兔的种群密度等技术指标。新造林地要在造林前进行害兔的种群密度调查；中幼龄林和其他易遭受兔害的林分，要做害兔种群密度和林木被害程度调查。

2. 监测范围

各地要根据当地的实际情况，确定本地区的新造林地、中幼龄林及其他易遭受野兔危害的林分面积，并进行登记、编号，划定调查人员责任区，建立应施调查地的林分档案。

3. 监测方法

①林木被害情况调查。以乡镇林场为单位进行林木被害程度调查。调查时，先踏查线路，然后再设立标准地实施样株调查。调查选在初春融雪后（已露出被害状）、无其他（非林木）自然绿色植物时期或其他适宜时间进行。

线路踏查：根据调查地块的形状选择一条最长的对角线（较大地块也可多选择几条踏查线路），沿对角线随机选取1000株样树，统计林木的被害株数。

标准地调查：在线路踏查基础上，按不同的立地条件、林型，选择被害株率超过3%的小班地块，每百公顷随机建立3~5处标准地，每块标准地的面积为1公顷。

②种群密度调查。种群密度调查采取目测法（样带法）或丝套法进行，调查时间选在深秋（落雪之后）实施。

目测法：在不同立地条件和不同植被类型的林地内设固定或临时性样带，宽度根据调查人在林地内的透视度而定，为20~30m宽，样带数量按林地面积的5%~10%确定，样线间距1000~2000m。调查在清晨或傍晚进行，沿样带中部按2~3km/h的步行速度匀速行走1km，目视样带内所发现的野兔数量（有经验地区也可依靠目视样带内所发现新鲜粪便数量推算野兔数量）。已降雪地区可观察记录降雪后发现的新鲜野兔足迹链数，1条足迹链代表1只野兔。

丝套法：在所设样带内选择有代表性的林地100公顷，以野兔跑道为主，按Z字形或棋盘式人工安放丝套100个，平均每公顷安放1个丝套，24h后进行检查，48h后将丝套全部收回（有条件的地方可将收套时间延长至72h）。

（二）兔害防治对策

为便于防治工作的开展，野兔危害地区可按照野兔种群密度或林木受害程度划分为三种防治类型，即重点预防区、一般治理区和重点治理区。

1. 重点预防区

新规划造林地内野兔种群密度每百公顷大于50只的区域。

防治对策：采取人工物理杀灭方法，迅速降低野兔种群密度；同时，在造林时实施包括生态控制、保护驱避和化学防治在内的各种预防性技术措施。

2. 一般治理区

野兔危害中度发生区或种群密度每百公顷达25~50只的区域。

防治对策：主要采取保护驱避、生物防治、种植替代植物及物理杀灭等技术措施。

3. 重点治理区

野兔危害重度发生区或种群密度每百公顷大于50只的区域。

防治对策：采取人工物理杀灭方法，迅速降低野兔种群密度；同时，实施包括生态控制、保护驱避和化学防治在内的各种综合性防治技术措施。

4. 防治时间

野兔的防治以深秋至初春无其他（非林木）自然绿色植物的时期为主。为保证防治效果，应对较大面积或一独立区域全面治理。

（三）兔害的具体防治技术

1. 生态控制

①改进造林整地方式。工程整地改变土壤结构，破坏了原有地被植物，使得野兔的取食目标更加明确，对林木造成的危害也相对较大。在有野兔危害的地区将全面整地改为穴状整地或带状整地，尽量减少对原有植被的破坏；同时，可采取挖30～50cm深的鱼鳞坑方式进行预防，野兔一般在视野开阔处活动，不下坑危害。

②优化林分和树种结构。造林设计要营造针阔乔灌混交林，并因地制宜、立足发展乡土树种，这是预防兔害的有效途径；同时，要适当加植野兔厌食树种，优化林分及树种结构，合理密植，使其早日郁闭成林。有条件的地方，应尽量选择苗龄较大或木质化程度较高的苗木造林。

③种植替代性植物。对因食物短缺而引起的林地兔害，可以采取食物替代的方式转移野兔对树木的危害。例如，在种植冬小麦等农作物地区，可在林地条播5%～10%的农作物（如苜蓿等）；在较寒冷地区，可种植耐寒牧草或草坪草。通过有选择地种植野兔喜食植物，为其过冬提供应急食品，可以有效地预防野兔对林木的危害，保护目的树种。

2. 生物防治

林区野兔天敌很多，包括猛禽（鹰、隼、雕）、猫科（狸、豹猫）及犬科（狐狸）等动物，应采用有力措施加以保护，即通过森林生态环境中的食物链作用，控制野兔数量。

①禁猎天敌，加大监护力度。严禁乱捕滥杀野兔天敌，充分发挥和调动其防治作用。通过禁猎保护，提高天敌的种群数量，降低野兔密度，以达到长期、有效控制森林兔害的目的。

②招引天敌，增加种群数量。在造林整地时有计划保留天敌栖息地，并积极进行天敌的人工招引；灌木林或荒漠林区可垒砌土堆、石头堆或制作水泥架，森林区可放置栖息架、招引杆或在林缘及林中空地保留较大的阔叶树，为天敌停落提供条件，招引时，如定

期挂放家禽畜的内脏等作为诱饵，效果更好。

③繁殖驯化，释放食兔天敌。人工饲养繁殖鹰、狐狸、猎兔狗等动物，并进行捕食和野化训练，必要时在有野兔危害的地区实施捕猎；也可迁移野兔天敌以控制其种群密度。

3. 保护驱避

①培土埋苗，在越冬前，对一二年生新植侧柏和刺槐苗等可采取高培土保护措施，即通过封土将苗木全部压埋，待来年春季转暖、草返青后再扒出，可有效避免野兔啃咬及冬季苗木风干。

②捆绑保护物。在树干基部 50cm 以下捆绑芦苇、塑料布、金属网等类保护物，或用带刺植物覆盖树体，能收到很好的防护效果。

③套置防护套。在树苗或树干上套置柳条筐、笼或塑料套管等类防护套具，可有效避免野兔对树干的啃食。防护套具有"防兔、遮阴、防风"等优点。

④涂放驱避物。在造林时或越冬前用动物血及骨胶溶剂、辣椒蜡溶剂、鸡蛋混合物、羊油与煤油及机油混合物、浓石灰水等进行树干及主茎涂刷，或在苗木附近放置动物尸骨和肉血等物，可起到很好的驱避作用。

4. 物理杀灭

①套捕（杀）。套捕方法主要是利用野兔活动时走固定路线，且常以沟壑、侵蚀沟为道路的习性进行捕杀，常用工具包括铁丝环套及拉网等，其中，拉网套捕方法可以在较大范围内捕捉野兔，适用于开阔平坦的地区。

②诱捕（杀）。利用诱饵引诱野兔入笼的方法。饵料应选用野兔喜食的新鲜材料，如新鲜绿色植物、胡萝卜、水果等。诱捕器可采用陷阱式或翻板式，具有足够大的空间，并应放置在野兔经常出没的地方。

③猎捕（杀）。当野兔种群数量较大时，通过当地野生动物保护和森林公安部门，向公安机关或上级主管部门申请，以乡镇或县为单位组建临时猎兔队，在冬季使用猎枪进行限时、限地、限量地猎杀。使用猎枪时，要有专人负责枪支的发放与保存，签订枪支责任状，并做好相关宣传工作。

④高压电网捕（杀）。经县级林业主管部门同意，亦可利用智能高压直流电网捕杀野兔。该电网由高压发生器、猎杀电网、警示电网、警示灯管和触发保护等装置组成，设置成封闭或开放式，内置野兔爱吃的新鲜食料、盐水等做诱饵。电网要安放各种警示标志，捕打人员沿途看管，及时巡视，严防人畜触电及火灾事故发生。

5. 化学防治

化学防治应依据仿生原理，使用既不杀伤非靶动物，又能控制有害动物数量的制剂，以压缩有害动物种群密度，降低有害动物暴发增长的幅度，并保护生态环境，维持有害动物与天敌之间数量平衡。目前，不育剂是主要的化学防治药剂。

不育剂的使用时间因其类型差异而略有不同，抑制精子、卵子排放的不育剂，要在野兔繁殖活动开始之前的一段时间内进行投放；作用于胚胎的不育剂，一般在野兔怀孕期间使用。

第三节　防寒防冻技术

一、树木防寒防冻措施

（一）树木防寒防冻的措施

根茎培土、覆土、架风障、涂白与喷白、缠裹草绳、塑料薄膜防寒法、喷洒植物防冻剂、防冻打雪、树基积雪。

（二）覆土防寒的适用性及具体方法

覆土防寒法适用于油松、樟子松、云杉、侧柏、桧柏等常绿针叶树幼苗和部分落叶的花灌木，如蔷薇、月季以及常绿的小叶黄杨等。易霉烂的树种不宜采用此法。覆土防寒应在苗木已停止生长、土壤结冻前3~5天（立冬前后），气温稳定在0℃左右时进行。覆土防寒具体方法：用犁将步道（或垄沟）犁起，碎土后向床（垄）面一个方向覆土，使苗梢向一边倒，不要从苗上头向下盖土。覆土要均匀，埋严实，以免土壤透风引起冻害。覆土后要经常检查，发现露苗及时补盖口。翌年春天起苗前1~2周，气温稳定在5℃左右时开始分两次撤土，不要在大风天撤土，这样有利于缓苗，使其逐渐适应环境条件的变化。撤土不宜过迟，否则覆土化冻下沉，黏附苗木，影响生长，且不便作业。撤土后要及时灌溉，以防春旱。

（三）架风障

为减轻寒冷干燥的大风吹袭造成树木冻旱的伤害，可以在树木的上风方向架设风障。风障材料常为高粱秆、玉米秆或芦苇捆编成篱，其高度要超过树高。常用杉木、竹竿等支牢或钉以木桩绑住，以防大风吹倒，漏风处再用稻草在外披覆好，绑以细棍夹住，或在席外抹泥填缝。此法用于常绿针叶树幼苗或一些珍贵树种和新引进树种阔叶树幼苗的防寒中。

（四）树干涂白的好处

树干涂白可使用石硫合剂或者专门的树干涂白剂，树体枝干涂白可以减小向阳面皮部因昼夜温差过大而受到的伤害，并能杀死一些越冬的病虫害。涂白时间一般在 10 月下旬到 11 月中旬之间，不能拖延涂白时间，温度过低会造成涂白材料成片脱落。树干涂白后，减少了早春树体对太阳热能的吸收，降低了树温提升的速度，可使树体萌动推迟 2~3 天，从而有效防止树体遭遇早春回寒的霜冻。对花芽萌动早的树种，喷白树身，还可延迟开花，以免受晚霜之害。

（五）塑料薄膜防寒法的分类

塑料薄膜防寒法可分为苗床的防寒和大树树体缠裹防寒。塑料薄膜苗床防寒法近年来生产上广泛推广应用，如苗床幼苗云杉、侧柏、桧柏等床做播种苗采用铁筋、竹片在苗床上支撑成拱形，上覆盖塑料薄膜做成小拱棚，四周用土埋严，简便易行。也适用于道路分车带内各类灌木和草、花的越冬防寒。另外，覆膜前要灌透底水。此法保温保湿，温、湿度适宜，管理方便。若遇冬季寒冷，可在塑料拱棚上面再覆盖厚草帘起防寒保温作用。大树树体防寒主要就是针对一些刚移栽或者较大规格的名贵树种，采用树体缠裹塑料薄膜，以达到防寒保温的目的。

二、苗圃防寒防冻措施

（一）苗圃的防寒防冻措施

可采用设防风障、增加覆盖物、增施有机肥、修剪清理、灌封冻水、树干涂白、设暖棚、假植、熏烟等措施。

（二）在苗圃设防风障的好处

土壤结冻前，对苗床的迎风面用秫秸等风障防寒。一般风障高 2m，障间距为障高的 10~15 倍。第二年春晚霜终止后拆除。设风障不仅能阻挡寒风，降低风速，使苗木减轻寒害，而且能增加积雪，利于土壤保墒，预防春旱。对于高干园林植物可在其主干、大枝设防风障。土壤结冻前，对苗床的迎风面用秫秸等风障防寒，一般风障高 2m，障间距为障高的 10~15 倍。第二年春晚霜终止后拆除。设风障不仅能阻挡寒风，降低风速，使苗木减轻寒害，而且能增加积雪，利于土壤保墒，预防春旱。对于高干园林植物可在其主干、大枝缠绕草绳，并在草绳外围自下而上顺时针方向缠绕宽 10~20cm 的带状薄膜，预防植株主干及大枝发生冻害。

三、温室大棚防寒防冻措施

（一）温室大棚防雪措施

①加固棚室。做好农作物防冻和对温室大棚等重点部位的加固、防风工作。防止雪大使棚室压塌（或变形）和大风掀棚的现象发生，确保棚室内作物的安全，并能正常生长发育。

②除雪保棚。雪后要及时清除棚室积雪，减轻棚室负重，防止棚室变形、倒塌。

③加膜增温保暖。对棚室作物要多层覆盖，棚室外覆盖草帘，棚室内挂二道幕、大棚内的小拱棚上盖保暖布苫等覆盖物进行增温，或用煤炉加温；有条件的地方，可用地热线、电热丝、空气加温线或暖气等加温设施进行增温，防止在棚作物的受冻。根据不同作物品种采取不同的控温措施，如黄瓜的苗期最低不得低于8℃，结瓜期最低不得低于10℃；番茄、辣椒苗期最低不得低于5℃，结果期最低不得低于8℃。

④采取补光措施。可采用张挂反光幕补充光照或安装电灯补光。

⑤控制湿度。及时清除棚室四周的积雪，保证排水通畅降低棚内土壤湿度。尽量不浇水或少浇水，水分管理以维持为主，将温室内湿度控制在85%以下。

⑥防止"闪"苗。连续阴雨雪天后突然转晴后不要全部揭开草苫，防止刚度过灾害性天气的瘦弱秧苗突见强光，棚内温度骤增，使秧苗加大水分蒸腾而发生萎蔫，应部分遮光降温，待植株恢复生长后再揭开，经过几次反复，不再萎蔫后再全部揭开草苫。

⑦防病治病。低温光照天气，容易发生倒苗及叶部病害，应注意加强猝倒病、立枯病、灰霉病等病害的防治工作。及时用烟雾剂熏棚，防止病害发生蔓延。可用一熏灵或百菌清烟雾剂熏蒸。也可拌药土撒在苗床上防治病害。

⑧清除死苗。及时清除受冻致死的幼苗，以免组织发霉病变，诱发病害。

⑨补施肥料。受冻作物可喷施容大丰、美洲星、世纪星等有机无机生态活性肥，促进植株尽快恢复生长。

⑩及时补种。遭受严重低温的，秧苗被冻死的，要及时利用设施条件重新种植或改种其他作物。

（二）大棚的棚形结构和走向

大棚棚形结构和走向最为关键。棚形多为圆弧形，大棚较好的走向为坐北朝南，东西走向比较好，这样冬季可以充分地接收日光的照射，提高棚室内的温度并且有利于通风、降低棚内湿度，减少病虫害。棚大小最好为 8m 标准棚，棚的长度不得大于 45m。大棚结构中，钢管的间距 80cm 为宜，间距不宜太宽，不然棚膜易被风吹掉。如果为连栋大棚，要求连栋位置要安装排水的沟槽，以防止雨天雨水从连栋的位置滴入棚内，增加棚内的湿度，降低棚内的温度，在建造大棚时，最忌讳的是偷工减料。大棚结构中，钢管的间距不能大于 1m，如果钢管间距大于 1m，容易造成大棚棚膜被风吹的上下波浪状翻滚，甚至被大风吹走，起不到保温防寒最起码的要求。

四、冰雪灾害受害林木恢复补救主要措施

（一）竹林的受害类型及救护措施

①弯曲。竹株上因积存冰雪而致冠梢下垂甚至着地，单株竹竿弯曲呈弓形。冰雪融化后弯曲竹会自然恢复，对竹林影响较小。

②破裂。竹株上积存冰雪使竹竿折断，且撕裂成长达数米的篾片。

③翻蔸。竹株上积存冰雪致使竹竿被连蔸拔起，立竹倒伏翻蔸。翻蔸竹地下部分露出地面，破坏了林分的地下系统，对竹林影响最大。

④救护、恢复措施。

⑤切梢。弯曲的楠竹尽快组织切梢，即将竹株梢部斩去，留枝 10~12 盘。

⑥竹林清理。根据竹林受害程度不同而区别对待，弯曲竹要保留，不得砍伐；梢部断裂竹如断裂部位高，可砍去梢部。对翻蔸竹、劈裂竹可全竹砍伐；如是大年竹林，受害竹株要等到四五月新竹展枝开叶时才能清理。因为受害竹株即使被折断，由于其根系并未破坏，养分还可供应新竹。如是小年竹林，可适度进行清理利用。如是花年竹林（大、小年不明显的竹林），视受害程度而定，一般老、弱、病、虫的，可一次全部清光；健康的一二年生的，可等到四五新竹展枝开叶时再清理。

⑦施肥。为多发笋，快成竹，有条件地方，可在 3 月初至清明节这段时间施肥。在离竹蔸 40~50cm 环状挖沟、挖穴埋肥，注意免伤竹鞭，肥料以尿素（5kg/亩）或复合肥（20kg/亩）为主。

⑧禁挖禁伐和补植。当年严禁挖春笋，立竹度低于 150 株/亩的受灾竹林当年不得进行采伐。竹林损害严重，出笋少，达不到一定密度的地方，下半年抓紧补植。

（二）用材林的受害类型及救护措施

1. 用材林林木受害类型

①断梢（包括树干折断）。这一类型受害比较普遍，受害程度也比较严重，主要是由

于林木树冠截获的雪的重量超过了树梢、树干本身的负荷极限所致。

②弯斜。这一类型受害也比较普遍。树木向侧面偏斜，或梢冠向下弯曲呈弓形。

③倒伏。这是用材林林木最主要的受害类型之一，受害率比较高。

④翻蔸。这一类型也是主要的受害类型，受害率也比较高。主要发生于陡坡及土层较浅薄立地，林木因雪压而形成头重脚轻被连根拔起，根系完全离地或根系严重扯断。

2. 救护、恢复措施

清理现场。清理现场做到"三砍三不砍"：砍冻死、压死的，不砍活的和能够恢复生长的；砍倒伏、折断的，不砍压弯压曲的；砍主干撕裂的，不砍断梢、断枝的。对折断、倒伏、翻蔸这类受害林木，恢复比较困难，予以伐除，及时利用，减少损失。对弯斜这类受害林木大都仍可恢复生长发育，需要保留。

要尽可能避免大面积皆伐，在清理完现场后出现天窗的林地，要及时补植补造，迹地面积较大的要及时更新。

在林分管理上要注意密度管理、立地控制和树种选择，适地适树适法，最大限度地抵御冰冻雪灾。

（三）生态林的受害类型及救护措施

生态林（风景林）林木受害类型有断梢（包括断干）、树干撕裂、弯斜、倒伏、翻蔸等几种。救护、恢复措施如下：

①在生态区位、作用重要、容易引发次生灾害的地段，对倒伏、翻蔸这类受害林木，予以伐除，及时利用，减少损失。及时清理林下枝丫杂物，也可考虑在合适地方完整保留小面积的冰冻灾害现场遗迹，作为生态宣传和教育的景点。

②禁止皆伐，在清理完现场后出现天窗的林地，要及时补植补造或实施封山育林。

③注意林分物种保护，以自然恢复为主，以恢复生态系统和功能为主，注重森林火灾和病虫害防控，减少人员活动。

第六章　现代林业的发展与实践

第一节　气候变化与现代林业

一、气候变化下林业发展面临的挑战与机遇

（一）气候变化对林业的影响与适应性评估

气候变化会对森林和林业产生重要影响，特别是高纬度的寒温带森林，如改变森林结构、功能和生产力，特别是对退化的森林生态系统，在气候变化背景下的恢复和重建将面临严峻的挑战。气候变化下极端气候事件（高温、热浪、干旱、洪涝、飓风、霜冻等）发生的强度和频率增加，会增加森林火灾、病虫害等森林灾害发生的频率和强度，危及森林的安全，同时进一步增加陆地温室气体排放。

1. 气候变化对森林生态系统的影响

（1）森林物候

随着全球气候的变化，各种植物的发芽、展叶、开花、叶变色、落叶等生物学特性，以及初霜、终霜、结冰、消融、初雪、终雪等水文现象也发生改变。气候变暖使中高纬度北部地区 20 世纪后半叶以来的春季提前到来，而秋季则延迟到来，植物的生长期延长了近两个星期。欧洲、北美以及日本过去 30~50 年植物春季和夏季的展叶、开花平均提前了 1~3 天。1981—1999 年欧亚大陆北部和北美洲北部的植被活力显著增长，生长期延长。20 世纪 80 年代以来，中国东北、华北及长江下游地区春季平均温度上升，物候期提前；渭河平原及河南西部春季平均温度变化不明显，物候期也无明显变化趋势；西南地区东部、长江中游地区及华南地区春季平均温度下降，物候期推迟。

（2）森林生产力

气候变化后植物生长期延长，加上大气 CO_2 浓度升高形成的"施肥效应"，使得森林生态系统的生产力增加。通过卫星植被指数数据分析表明，气候变暖使得 1982—1999 年间全球森林 NPP（Net Primary Productivity，净第一生产力）增长了约 6%。中国森林 NPP 的增加，部分原因是全国范围内生长期延长的结果。气温升高使寒带或亚高山森林生态系

统 NPP 增加，但同时也提高了分解速率，从而降低了森林生态系统 NEP（Net Ecosystem Productivity，净生态系统生产力）。

不过也有研究结果显示，气候变化导致一些地区森林 NPP 呈下降趋势，这可能主要是由于温度升高加速了夜间呼吸作用，或降雨量减少所致。卫星影像显示，1982—2003 年北美洲北部地区部分森林出现退化，很可能就与气候变暖、夏季延长有关。极端事件（如温度升高导致夏季干旱，因干旱引发火灾等）的发生，也会使森林生态系统 NPP 下降、NEP 降低、NBP（Net Biome Productivity，净生物群区生产力）出现负增长。

未来气候变化通过改变森林的地理位置分布、提高生长速率，尤其是大气 CO_2 浓度升高所带来的正面效益，从而增加全球范围内的森林生产力。在未来气候变化条件下，由于 NPP 增加和森林向极地迁移，大多数森林群落的生产力均会增加。未来全球气候变化后，中国森林 NPP 地理分布格局不会发生显著变化，但森林生产力和产量会呈现出不同程度的增加。在热带、亚热带地区，森林生产力将增加 1%～2%，暖温带将增加 2% 左右，温带将增加 5%～6%，寒温带将增加 10%。尽管森林 NPP 可能会增加，但由于气候变化后病虫害的暴发和范围的扩大、森林火灾的频繁发生，森林固定生物量却不一定增加。

（3）森林的结构、组成和分布

过去数十年里，许多植物的分布都有向极地扩张的现象，而这很可能就是气温升高的结果。一些极地和苔原冻土带的植物都受到气候变化的影响，而且正在逐渐被树木和低矮灌木所取代。北半球一些山地生态系统的森林林线明显向更高海拔区域迁移。气候变化后的条件还有可能更适合于区域物种的入侵，从而导致森林生态系统的结构发生变化。在欧洲西北部、南美墨西哥等地区的森林，都发现有喜温植物入侵而原有物种逐步退化的现象。

未来气候有可能向暖湿变化，造成从南向北分布的各种类型森林带向北推进，水平分布范围扩展，山地森林垂直带谱向上移动。为了适应未来气温升高的变化，一些森林物种分布会向更高海拔的区域移动。但是气候变暖与森林分布范围的扩大并不同步，后者具有长达几十年的滞后期。未来中国东部森林带北移，温带常绿阔叶林面积扩大，较南的森林类型取代较北的类型，森林总面积增加。未来气候变化可能导致我国森林植被带的北移，尤其是落叶针叶林的面积减少很大，甚至可能移出我国境内。

（4）森林碳库

过去几十年大气 CO_2 浓度和气温升高导致森林生长期延长，加上氮沉降和营林措施的改变等因素，使森林年均固碳能力呈稳定增长趋势，森林固碳能力明显。气候变暖可能是促进森林生物量碳储量增长的主要因子。气候变化对全球陆地生态系统碳库的影响，会进一步对大气 CO_2 浓度水平产生压力。在 CO_2 浓度升高的条件下，土壤有机碳库在短期内是增加的，整个土壤碳库储量会趋于饱和。

不过，森林碳储量净变化，是年间降雨量、温度、扰动格局等变量因素综合干扰的结果。由于极端天气事件和其他扰动事件的不断增加，土壤有机碳库及其稳定性存在较大的不确定性。在气候变化条件下，气候变率也会随之增加，从而增大区域碳吸收的年间变率。例如，TEM模型的短期模拟结果显示，在厄尔尼诺发生的高温干旱年份，亚马孙盆地森林是一个净碳源，而在其他年份则是一个净碳汇。

2. 气候变化对森林火灾的影响

生态系统对气候变暖的敏感度不同，气候变化对森林可燃物和林火动态有显著影响。气候变化引起了动植物种群变化和植被组成或树种分布区域的变化，从而影响林火发生频率和火烧强度，林火动态的变化又会促进动植物种群改变。火烧对植被的影响取决于火烧频率和强度，严重火烧能引起灌木或草地替代树木群落，引起生态系统结构和功能的显著变化。虽然目前林火探测和扑救技术明显提高，但伴随着区域明显增温，北方林年均火烧面积呈增加趋势。极端干旱事件常常引起森林火灾大爆发，如2003年欧洲的森林大火。火烧频率增加可能抑制树木更新，有利于耐火树种和植被类型的发展。

温度升高和降水模式改变将增加干旱区的火险，火烧频度加大。气候变化还影响人类的活动区域，并影响到火源的分布。林火管理有多种方式，但完全排除火烧的森林防火战略在降低火险方面好像相对作用不大。火烧的驱动力、生态系统生产力、可燃物积累和环境火险条件都受气候变化的影响。积极的火灾扑救促进碳沉降，特别是腐殖质层和土壤，这对全球的碳沉降是非常重要的。

气候变化将增加一些极端天气事件与灾害的发生频率和量级。未来气候变化特点是气温升高、极端天气/气候事件增加和气候变率增大。天气变暖会引起雷击和雷击火的发生次数增加，防火期将延长。温度升高和降水模式的改变，提高了干旱性升高区域的火险。在气候变化情景下，美国大部分地区季节性火险升高10%。气候变化会引起火循环周期缩短，火灾频度的增加导致了灌木占主导地位的景观。最近的一些研究是通过气候模式与森林火险预测模型的耦合，预测未来气候变化情景下的森林火险变化。

降水和其他因素共同影响干旱期延长与植被类型变化，因为对未来降水模式的变化的了解有限，与气候变化和林火相关的研究还存在很大不确定性。气候变化可能导致火烧频度增加，特别是降水量不增加或减少的地区。降水量的普遍适度增加会带来生产力的增加，也有利于产生更多的易燃细小可燃物。变化的温度和极端天气事件将影响火发生频率和模式，北方林对气候变化最为敏感。火烧频率、大小、强度、季节性、类型和严重性影响森林组成和生产力。

3. 气候变化对森林病虫害的影响

对40多年来我国的有关研究资料分析显示，气候变暖使我国森林植被和森林病虫害分布区系向北扩大，森林病虫害发生期提前，世代数增加，发生周期缩短，发生范围和危害程度加大。年平均温度，尤其是冬季温度的上升促进了森林病虫害的大发生。如油松毛虫已向北、向西水平扩展。白蚁原是热带和亚热带所特有的害虫，但由于近几十年气温变暖，白蚁危害正由南向北逐渐蔓延。属南方型的大袋蛾随着温暖带地区大规模泡桐人工林扩大曾在黄淮地区造成严重问题。东南丘陵松树上常见的松瘤象、松褐天牛、横坑切梢小蠹、纵坑切梢小蠹已在辽宁、吉林危害严重。

随着气候变暖，连续多年的暖冬，以及异常气温频繁出现，森林生态系统和生物相对均衡局面常发生变动，我国森林病虫害种类增多，种群变动频繁发生，周期相应缩短，发生危害面积一直居高不下。气温对病虫害的影响主要是在高纬度地区。同时，气候变化也加重了病虫害的发生程度，一些次要的病虫或相对无害的昆虫相继成灾，促进了海拔较高地区的森林，尤其是人工林病虫害的大发生。过去很少发生病虫害的云贵高原近年来病虫害频发，云南迪庆地区海拔 $3800 \sim 4000m$ 高山上冷杉林内的高山小毛虫常猖獗成灾。

气候变化引起的极端气温天气逐渐增加，严重影响苗木生长和保存率，林木抗病能力下降，高海拔人工林表现得尤为明显，增加了森林病虫害突发成灾的频率。全球气候变化对森林病虫害发生的可能影响主要体现在以下六个方面：

①使病虫害发育速度增加，繁殖代数增加；

②改变病虫害的分布和危害范围，使害虫越冬代北移，越冬基地增加，迁飞范围增加，对分布范围广的种影响较小；

③使外来入侵的病虫害更容易建立种群；

④对昆虫的行为发生变化；

⑤改变寄主—害虫—天敌之间的相互关系；

⑥导致森林植被分布格局改变，使一些气候带边缘的树种生长力和抗性减弱，导致病虫害发生。

（二）林业减缓气候变化的作用

森林作为陆地生态系统的主体，以其巨大的生物量储存着大量碳，是陆地上最大的碳贮库和最经济的吸碳器。树木主要由碳水化合物组成，树木生物体中的碳含量约占其干重（生物量）的50%。树木的生长过程就是通过光合作用，从大气中吸收 CO_2，将 CO_2 转化为碳水化合物贮存在森林生物量中。因此，森林生长对大气中 CO_2 的吸收（固碳作用）能为减缓全球变暖的速率做出贡献。同时森林破坏是大气 CO_2 的重要排放源，保护森林植被是全球温室气体减排的重要措施之一。林业生物质能源作为"零排放"能源，大力发展林业生物质能源，从而减少化石燃料燃烧，是减少温室气体排放的重要措施。

1. 维持陆地生态系统碳库

森林作为陆地生态系统的主体，以其巨大的生物量储存着大量的碳，森林植物中的碳含量约占生物量干重的 50%。全球森林生物量碳储量达 282.7GtC，平均每公顷森林的生物量碳贮量 71.5tC，如果加上土壤、粗木质残体和枯落物中的碳，每公顷森林碳贮量达161.1tC。据 IPCC 估计，全球陆地生态系统碳贮量约 2477GtC，其中植被碳贮量约占 20%，土壤碳约占 80%。占全球土地面积约 30% 的森林，其森林植被的碳贮量约占全球植被的77%，森林土壤的碳贮量约占全球土壤的 39%。单位面积森林生态系统碳贮量（碳密度）是农地的 1.9~5 倍。可见，森林生态系统是陆地生态系统中最大的碳库，其增加或减少都将对大气 CO_2 产生重要影响。

2. 增加大气 CO_2 吸收汇

森林植物在其生长过程中通过同化作用，吸收大气中的 CO_2，将其固定在森林生物量中。森林每生长 $1m^3$ 木材，约需要吸收 $1.83tCO_2$。在全球每年近 60GtC 的净初级生产量中，热带森林占 20.1GtC，温带森林占 7.4GtC，北方森林占 2.4GtC。

在自然状态下，随着森林的生长和成熟，森林吸收 CO_2 的能力降低，同时森林自养和异养呼吸增加，使森林生态系统与大气的净碳交换逐渐减小，系统趋于碳平衡状态，或生态系统碳贮量趋于饱和，如一些热带和寒温带的原始林。但达到饱和状态无疑是一个十分漫长的过程，可能需要上百年甚至更长的时间。即便如此，仍可通过增加森林面积来增强陆地碳贮存。而且如上所述，一些研究测定发现原始林仍有碳的净吸收。森林被自然或人为扰动后，其平衡将被打破，并向新的平衡方向发展，达到新平衡所需的时间取决于目前的碳储量水平、潜在碳贮量和植被与土壤碳累积速率。对于可持续管理的森林，成熟森林被采伐后可以通过再生长达到原来的碳贮量，而收获的木材或木产品一方面可以作为工业或能源的代用品，从而减少工业或能源部门的温室气体源排放；另一方面，耐用木产品可以长期保存，部分可以永久保存，从而减缓大气 CO_2 浓度的升高。

增强碳吸收汇的林业活动包括造林、再造林、退化生态系统恢复、建立农林复合系统、加强森林可持续管理以提高林地生产力等能够增加陆地植被和土壤碳贮量的措施。通过造林、再造林和森林管理活动增强碳吸收汇已得到国际社会广泛认同，并允许发达国家使用这些活动产生的碳汇用于抵消其承诺的温室气体减限排指标。造林碳吸收因造林树种、立地条件和管理措施而异。有研究表明，由于中国大规模的造林和再造林活动，到2050 年，中国森林年净碳吸收能力将会大幅度地增加。

3. 增强碳替代

碳替代措施包括以耐用木质林产品替代能源密集型材料、生物能源（如能源人工林）、采伐剩余物的回收利用（如用作燃料）。由于水泥、钢材、塑料、砖瓦等属于能源密集型材料，且生产这些材料消耗的能源以化石燃料为主，而化石燃料是不可再生的。如果以耐用木质林产品替代这些材料，不但可增加陆地碳贮存，还可减少生产这些材料的过程中化石燃料燃烧引起的温室气体排放。虽然部分木质林产品中的碳最终将通过分解作用返回大气，但由于森林的可再生特性，森林的再生长可将这部分碳吸收回来，避免由于化石燃料燃烧引起的净排放。

据研究，用木材替代水泥、砖瓦等建筑材料，$1m^3$ 木材可减排约 $0.8tCO_2$ 当量。在欧洲，一座木结构房屋平均碳贮量达 $150tCO_2$，与砖结构比较，可减排 $10tCO_2$ 当量；而在澳大利亚，建造一座木结构房屋可减少排放 $10tCO_2$ 当量。当然，木结构房屋须消耗更多的能量用于取暖或降温。

同样，与化石燃料燃烧不同，生物质燃料不会产生向大气的净 CO_2 排放，因为生物质燃料燃烧排放的 CO_2 可通过植物的重新生长从大气中吸收回来，而化石燃料的燃烧则产生向大气的净碳排放，因此用生物能源替代化石燃料可降低人类活动碳排放量。

二、应对气候变化的林业实践

（一）清洁发展机制（CDM）与造林再造林

清洁发展机制（Clean Development Mechanism，CDM）是《京都议定书》第12条确立的、发达国家与发展中国家之间的合作机制。其目的是帮助发展中国家实现可持续发展，同时帮助国家（主要是发达国家）实现其在《京都议定书》第3.1条款下的减限排承诺。在该机制下，发达国家通过以技术和资金投入的方式与发展中国家合作，实施具有温室气体减排的项目，项目实现的可证实的温室气体减排量 [核证减排量（Certified Emission Reduction，CERs）]，可用于缔约方承诺的温室气体减限排义务。CDM 被普遍认为是一种"双赢"机制。一方面，发展中国家缺少经济发展所需的资金和先进技术，经济发展常常以牺牲环境为代价，而通过这种项目级的合作，发展中国家可从发达国家获得资金和先进的技术，同时通过减少温室气体排放，降低经济发展对环境带来的不利影响，最终促进国内社会经济的可持续发展；另一方面，发达国家在本国实施温室气体减排的成本较高，对经济发展有很大的负面影响，而在发展中国家的减排成本要低得多，因此通过该机制，发达国家可以以远低于其国内所需的成本实现其减限排承诺，节约大量的资金，并减轻减限排对国内经济发展的压力，甚至还可将技术、产品甚至观念输入发展中国家。

CDM 可分为减排项目和汇项目。减排项目指通过项目活动有利于减少温室气体排放的项目，主要是在工业、能源等部门，通过提高能源利用效率、采用替代性或可更新能源来减少温室气体排放。提高能源利用效率包括如高效的清洁燃煤技术、热电联产高耗能工业的工艺技术、工艺流程的节能改造、高效率低损耗电力输配系统、工业及民用燃煤锅炉窑炉、水泥工业过程减排二氧化碳的技术改造、工业终端通用节能技术等项目。替代性能源或可更新能源包括诸如水力发电、煤矿煤层甲烷气的回收利用、垃圾填埋沼气回收利用、废弃能源的回收利用、生物质能的高效转化系统、集中供热和供气、大容量风力发电、太阳能发电等。由于这些减排项目通常技术含量高，成本也较高，属技术和资金密集型项目，对于技术落后、资金缺乏的发展中国家，不但可引入境外资金，而且由于发达国家和发展中国家能源技术上的巨大差距，从而可通过 CDM 项目大大提高本国的技术能力。在这方面对我国尤其有利，这也是 CDM 减排项目在我国受到普遍欢迎并被列入优先考虑的项目的原因。

汇项目指能够通过土地利用、土地利用变化和林业（LULUCF）项目活动增加陆地碳贮量的项目，如造林、再造林、森林管理、植被恢复、农地管理、牧地管理等。

根据项目规模，CDM 项目可分为常规 CDM 项目和小规模 CDM 项目。小规模 A/RCDM 项目是指预期的人为净温室气体汇清除低于 8000tCO$_2$ 每年、由所在国确定的低收入社区或个人开发或实施的 CDM 造林或再造林（A/RCDM）项目活动。如果小规模 A/RCDM 项目活动引起的人为净温室气体汇清除量大于每年 8000tCO$_2$，超出部分汇清除将不予发放 tCER 或 1CER。为降低交易成本，对小规模 CDM 项目活动，在项目设计书、基线方法学、监测方法学、审定、核查、核证和注册方面，其方式和程序得以大大简化，要求也降低。

（二）非京都市场

为推动减排和碳汇活动的有效开展，近年来许多国家、地区和多边国际金融机构（世界银行）相继成立了碳基金。这些基金来自那些在《京都议定书》规定的国家中有温室气体排放的企业或者一些具有社会责任感的企业，由碳基金组织实施减排或增汇项目。在国际碳基金的资助下，通过发达国家内部、发达国家之间或者发达国家和发展中国家之间合作开展了减排和增汇项目。通过互相买卖碳信用指标，形成了碳交易市场。目前除了按照《京都议定书》规定实施的项目以外，非京都规则的碳交易市场也十分活跃。这个市场被称为志愿市场。

志愿市场是指不为实现《京都议定书》规定目标而购买碳信用额度的市场主体（公司、政府、非政府组织、个人）之间进行的碳交易。这类项目并非寻求清洁发展机制的注册，项目所产生的碳信用额成为确认减排量（VERs）。购买者可以自愿购买清洁发展机制或非清洁发展机制项目的信用额。此外，国际碳汇市场还有被称为零售市场的交易活动。所谓零售市场，就是那些投资于碳信用项目的公司或组织，以较高的价格小批量出售减排量（碳信用指标）。当然，零售商经营的也有清洁发展机制的项目即经核证的减排量（CERs）或减排单位（ERUs）。但是目前零售商向志愿市场出售的大部分仍为确定减排量。

作为发展中国家，虽然中国目前不承担减排义务，但是作为温室气体第二大排放国，建设资源节约型、环境友好型和低排放型社会，是中国展示负责任大国形象的具体行动，也符合中国长远的发展战略。因此，根据《联合国气候变化框架公约》和《京都议定书》的基本精神，中国政府正在为减少温室气体排放、缓解全球气候变暖进行不懈努力。这些努力既涉及节能降耗、发展新能源和可再生能源，也包括大力推进植树造林、保护森林和改善生态环境的一系列行动。企业参与减缓气候变化的行动，既可以通过实施降低能耗，提高能效，使用可再生能源等工业项目，又可以通过植树造林、保护森林的活动来实现。

而目前通过造林减排是最容易，成本最低的方法。因此政府出面创建一个平台，帮助企业以较低的成本来减排。同时这个平台也是企业志愿减排、体现企业社会责任的窗口。这个窗口的功能需要建立一个基金来实现。于是参照国际碳基金的运作模式和国际志愿市场实践经验，在中国建立了一个林业碳汇基金，命名为"中国绿色碳基金"（简称绿色碳基金）。这是一个以营造林为主、专门生产林业碳汇的基金。该基金的建立，有望促进国内碳交易志愿市场的形成，进而推动中国乃至亚洲的碳汇贸易的发展。为方便运行，目前中国绿色碳基金作为一个专项设在中国绿化基金会。绿色碳基金由国家林业局、中国绿化基金会及相关出资企业和机构组成中国绿色碳基金执行理事会，共同商议绿色碳基金的使用和管理；基金的具体管理由中国绿化基金会负责。国家林业局负责组织碳汇造林项目的规划、实施以及碳汇计量、监测并登记在相关企业的账户上，由国家林业局定期发布。

第二节 荒漠化防治与现代林业

一、我国的荒漠化及防治现状

中国是世界上荒漠化和沙化面积大、分布广、危害重的国家之一，荒漠化不仅造成生态环境恶化和自然灾害，直接破坏人类的生存空间，而且造成巨大的经济损失，全国每年因荒漠化造成的直接经济损失高达640多亿元，严重的土地荒漠化、沙化威胁我国生态安全和经济社会的可持续发展，威胁中华民族的生存和发展。

（一）中国的荒漠化状况

全国荒漠化土地总面积261.16万km²，占国土总面积的27.20%，沙化土地面积172.12万km²，占国土面积的17.93%；有明显沙化趋势的土地面积30.03万km²，占国土面积的3.12%。实际有效治理的沙化土地面积20.37万km²，占沙化土地面积的11.8%。

荒漠化土地集中分布于新疆、内蒙古、西藏、甘肃、青海5个省（自治区），占全国荒漠化总面积的95.64%。沙化土地分布在除上海、台湾、香港和澳门的30个省（自治区、直辖市）的 920 个县（旗、区），其中 96% 分布在新疆、内蒙古、西藏、青海、甘肃、河北、陕西、宁夏 8 个省（自治区）。

（二）我国荒漠化发展趋势

中国在防治荒漠化和沙化方面取得了显著的成就。目前，中国荒漠化和沙化状况总体上有了明显改善，与第四次全国荒漠化和沙化监测结果相比，全国荒漠化土地面积减少了 121.20 万 hm^2，沙化土地减少 99.02 万 hm^2。荒漠化和沙化整体扩展的趋势得到了有效的遏制。

我国荒漠化防治所取得的成绩是初步的和阶段性的。治理形成的植被刚进入恢复阶段，1 年生草本植物比例还较大，植物群落的稳定性还比较差，生态状况还很脆弱，植物群落恢复到稳定状态还需要较长时间。沙化土地治理难度越来越大。沙区边治理边破坏的现象相当突出。研究表明，全球气候变化对我国荒漠化产生重要影响，我国未来荒漠化生物气候类型区的面积仍会以相当大的比例扩展，区域内的干旱化程度也会进一步加剧。

二、我国荒漠化治理分区

我国地域辽阔，生态系统类型多样，社会经济状况差异大，根据实际情况，将全国荒漠化地区划分为五个典型治理区域。

（一）风沙灾害综合防治区

本区包括东北西部、华北北部及西北大部干旱、半干旱地区。这一地区沙化土地面积大。由于自然条件恶劣，干旱多风，植被稀少，草地沙化严重，生态环境十分脆弱；农村燃料、饲料、肥料、木料缺乏，严重影响当地人民的生产和生活。生态环境建设的主攻方向是：在沙漠边缘地区、沙化草原、农牧交错带、沙化耕地、沙地及其他沙化土地，采取综合措施，保护和增加沙区林草植被，控制荒漠化扩大趋势。以三北风沙线为主干，以大中城市、厂矿、工程项目周围为重点，因地制宜兴修各种水利设施，推广旱作节水技术，禁止毁林毁草开荒，采取植物固沙、沙障固沙等各种有效措施，减轻风沙危害。对于沙化草原、农牧交错带的沙化耕地、条件较好的沙地及其他沙化土地，通过封沙育林育草、飞播造林种草、人工造林种草、退耕还林还草等措施，进行积极治理。因地制宜，积极发展沙产业。鉴于中国沙化土地分布的多样性和广泛性，可细分为三个亚区。

1. 干旱沙漠边缘及绿洲治理类型区

该区主体位于贺兰山以西，祁连山和阿尔金山、昆仑山以北，行政范围包括新疆大部、内蒙古西部及甘肃河西走廊等地区。区内分布塔克拉玛干、古尔班通古特、库姆塔格、巴丹吉林、腾格里、乌兰布和、库布齐七大沙漠。本区干旱少雨，风大沙多，植被稀少，年降水量多在 200 毫米以下，沙漠浩瀚，戈壁广布，生态环境极为脆弱，天然植被破坏后难以恢复，人工植被必须在灌溉条件下才有可能成活。依水分布的小面积绿洲是人民赖以生存、发展的场所。目前存在的主要问题是沙漠扩展剧烈，绿洲受到流沙的严重威胁；过牧、樵采、乱垦、挖掘，使天然荒漠植被大量减少；不合理的开发利用水资源，挤占了生态用水，导致天然植被衰退死亡，绿洲萎缩。本区以保护和拯救现有天然荒漠植被和绿洲、遏制沙漠侵袭为重点。具体措施：将不具备治理条件和具有特殊生态保护价值的不宜开发利用的连片沙化土地划为封禁保护区；合理调节河流上下游用水，保证生态用水；在沙漠前沿建设乔灌草合理配置的防风阻沙林带，在绿洲外围建立综合防护体系。

2. 半干旱沙地治理类型区

该区位于贺兰山以东、长城沿线以北，以及东北平原西部地区，区内分布有浑善达克、呼伦贝尔、科尔沁和毛乌素四大沙地，其行政范围包括北京、天津、内蒙古、河北、山西、辽宁、吉林、黑龙江、陕西和宁夏 10 个省（自治区、直辖市）。本区是影响华北及东北地区沙尘天气的沙源尘源区之一。干旱多风，植被稀疏，但地表和地下水资源相对丰富，年降水量在 300~400 毫米之间，沿中蒙边界在 200 毫米以下。本区天然与人工植被均可在自然降水条件下生长和恢复。目前存在的主要问题是过牧、过垦、过樵现象十分突出，植被衰败，草场退化、沙化发生发展活跃。本区以保护、恢复林草植被，减少地表扬沙起尘为重点。具体措施：牧区推行划区轮牧、休牧、围栏禁牧、舍饲圈养，同时沙化严重区实行生态移民，农牧交错区在搞好草畜平衡的同时，通过封沙育林育草、飞播造林（草）、退耕还林还草和水利基本建设等措施，建设乔灌草相结合的防风阻沙林带，治理沙化土地，遏制风沙危害。

3. 亚温润沙地治理类型区

该区主要包括太行山以东、燕山以南、淮河以北的黄淮海平原地区，沙化土地主要由河流改道或河流泛滥形成，其中以黄河故道及黄泛区的沙化土地分布面积最大。行政范围涉及北京、天津、河北、山东、河南等省（直辖市）。该区自然条件较为优越，光照和水热资源丰富，年降水量 450~800 毫米。地下水丰富，埋藏较浅，开垦历史悠久，天然植被仅分布于残丘、沙荒、河滩、洼地、湖区等，是我国粮棉重点产区之一，人口密度大，劳动力资源丰富。目前存在的主要问题是局部地区风沙活动仍强烈，冬春季节风沙危害仍很严重。本区以田、渠、路林网和林粮间作建设为重点，全面治理沙化土地。主要治理措施：在沙地的前沿大力营造防风固沙林带，结合渠、沟、路建设，加强农田防护林、护路林建设，保护农田和河道，并在沙化面积较大的地块大力发展速生丰产用材林。

（二）黄土高原重点水土流失治理区

本区域包括陕西北部、山西西北部、内蒙古中南部、甘肃东部、青海东部及宁夏南部黄土丘陵区。总面积 30 多万平方千米，是世界上面积最大的黄土覆盖地区，气候干旱，植被稀疏，水土流失十分严重，水土流失面积约占总面积的 70%，是黄河泥沙的主要来源地。这一地区土地和光热资源丰富，但水资源缺乏，农业生产结构单一，广种薄收，产量长期低而不稳，群众生活困难，贫困人口量多面广。加快这一区域生态环境治理，不仅可以解决农村贫困问题，改善生存和发展环境，而且对治理黄河至关重要。生态环境建设的主攻方向是：以小流域为治理单元，以县为基本单位，以修建水平梯田和沟坝地等基本农田为突破口，综合运用工程措施、生物措施和耕作措施治理水土流失，尽可能做到泥不出沟。陡坡地退耕还草还林，实行草、灌木、乔木结合，恢复和增加植被。在对黄河危害最大的砒砂岩地区大力营造沙棘水土保持林，减少粗沙流失危害。大力发展雨水集流节水灌溉，推广普及旱作农业技术，提高农产品产量，稳定解决温饱问题。积极发展林果业、畜牧业和农副产品加工业，帮助农民脱贫致富。

（三）北方退化天然草原恢复治理区

我国草原分布广阔，总面积约 270 万 km^2，占国土面积的 1/4 以上，主要分布在内蒙古、新疆、青海、四川、甘肃、西藏等地区，是我国生态环境的重要屏障。长期以来，受人口增长、气候干旱和鼠虫灾害的影响，特别是超载过牧和滥垦乱挖，使江河水系源头和上中游地区的草地退化加剧，有些地方已无草可用、无牧可放。生态环境建设的主攻方向是：保护好现有林草植被，大力开展人工种草和改良草场（种），配套建设水利设施和草地防护林网，加强草原鼠虫灾防治，提高草场的载畜能力。禁止草原开荒种地。实行围栏、封育和轮牧，建设"草库伦"，搞好草畜产品加工配套。

（四）青藏高原荒漠化防治区

本区域面积约 176 万 km^2，该区域绝大部分是海拔 3000m 以上的高寒地带，土壤侵蚀以冻融侵蚀为主。人口稀少，牧场广阔，其东部及东南部有大片林区，自然生态系统保存较为完整，但天然植被一旦破坏将难以恢复。生态环境建设的主攻方向是：以保护现有的自然生态系统为主，加强天然草场，长江、黄河源头水源涵养林和原始森林的保护，防止不合理开发。其中分为两个亚区，即高寒冻融封禁保护区和高寒沙化土地治理区。

（五）西南岩溶地区石漠化治理区

以金沙江、嘉陵江流域上游干热河谷和岷江上游干旱河谷，川西地区、三峡库区、乌江石灰岩地区、黔桂滇岩溶地区热带—亚热带石漠化治理为重点，加大生态保护和建设力度。

三、荒漠化防治对策

荒漠化防治是一项长期艰巨的国土整治和生态环境建设工作，需要从制度、政策、机制、法律、科技、监督等方面采取有效措施，处理好资源、人口、环境之间的关系，促进荒漠化防治工作的健康发展。认真实施《全国防沙治沙规划》，落实规划任务，制定年度目标，定期监督检查，确保取得实效。抓好防沙治沙重点工程，落实工程建设责任制，健全标准体系，狠抓工程质量，严格资金管理，搞好检查验收，加强成果管护，确保工程稳步推进。创新体制机制。实行轻税薄费的税赋政策，权属明确的土地使用政策，谁投资、谁治理、谁受益的利益分配政策，调动全社会的积极性。强化依法治沙，加大执法力度，提高执法水平，推行禁垦、禁牧、禁樵措施，制止边治理、边破坏现象，建立沙化土地封禁保护区。依靠科技进步，推广和应用防沙治沙实用技术和模式，加强技术培训和示范工作，增加科技含量，提高建设质量。建设防沙治沙综合示范区，探索防沙治沙政策措施、技术模式和管理体制，以点带片，以片促面，构建防沙治沙从点状拉动到组团式发展的新格局。健全荒漠化监测和预警体系，加强监测机构和队伍建设，健全和完善荒漠化监测体系，实施重点工程跟踪监测，科学评价建设效果。发挥各相关部门的作用，齐抓共管，共同推进防沙治沙工作。

（一）加大荒漠化防治科技支撑力度

科学规划，周密设计。科学地确定林种和草种结构，宜乔则乔，宜灌则灌，宜草则草，乔灌草合理配置，生物措施、工程措施和农艺措施有机结合。大力推广和应用先进科技成果与实用技术。根据不同类型区的特点有针对性地对科技成果进行组装配套，着重推广应用抗逆性强的植物良种、先进实用的综合防治技术和模式，逐步建立起一批高水平的科学防治示范基地，辐射和带动现有科技成果的推广和应用，促进科技成果的转化。

加强荒漠化防治的科技攻关研究。荒漠化防治周期长，难度大，还存在着一系列亟待研究和解决的重大科技课题。如荒漠化控制与治理、沙化退化地区植被恢复与重建等关键技术；森林生态群落的稳定性规律；培育适宜荒漠化地区生长、抗逆性强的树木良种，加快我国林木良种更新，提高林木良种使用率，荒漠化地区水资源合理利用问题，保证生态系统的水分平衡等。

大力推广和应用先进科技成果与实用技术。在长期的防治荒漠化实践中，我国广大科技工作者已经探索、研究出了上百项实用技术和治理模式，如节水保水技术、风沙区造林技术、沙区飞播造林种草技术、封沙育林育草技术、防护林体系建设与结构模式配置技术、草场改良技术、病虫害防治技术、沙障加生物固沙技术、公路铁路防沙技术、小流域综合治理技术和盐碱地改良技术等，这些技术在我国荒漠化防治中已被广泛采用，并在实践中被证明是科学可行的。

（二）建立荒漠化监测和工程效益评价体系

荒漠化监测与效益评价是工程管理的一个重要环节，也是加强工程管理的重要手段，是编制规划、兑现政策、宏观决策的基础，是落实地方行政领导防沙治沙责任考核奖惩的主要依据。为了及时、准确、全面地了解和掌握荒漠化现状与治理成就及其生态防护效益，为荒漠化管理部门进行科学管理、科学决策提供依据，必须加强和完善荒漠化监测与效益评价体系建设，进一步提高荒漠化监测的灵敏性、科学性和可靠性。

加强全国沙化监测网络体系建设。在五次全国荒漠化、沙化监测的基础上，根据《防沙治沙法》的有关要求，要进一步加强和完善全国荒漠化、沙化监测网络体系建设，修订荒漠化监测的有关技术方案，逐步形成以宏观监测、敏感地区监测和典型类型区定位监测为内容的，以"3S"技术结合地面调查为技术路线的，适合当前国情的比较完备的荒漠化监测网络体系。

建立沙尘暴灾害评估系统。利用最新的技术手段和方法，预报沙尘暴的发生，评估沙尘暴所造成的损失，为各级政府提供防灾减灾的对策和建议，具有十分重要的意义。近年来，国家林业局在沙化土地监测的基础上，与气象部门合作，开展了沙尘暴灾害损失评估工作。应用遥感信息和地面站点的观测资料，结合沙尘暴影响区域内地表植被、土壤状况、作物面积和物候期、生长期、畜牧业情况及人口等基本情况，通过建立沙尘暴灾害经济损失评估模型，对沙尘暴造成的直接经济损失进行评估。今后，需要进一步修订完善灾害评估模型，以提高灾害评估的准确性和可靠度。

完善工程效益定位监测站（点）网建设。防治土地沙化重点工程，要在工程实施前完成工程区各种生态因子的普查和测定，并随着工程进展连续进行效益定位监测和评价。国家林业局拟在各典型区建立工程效益监测站，利用"3S"技术，点面监测结合，对工程实施实时、动态监测，掌握工程进展情况，评价防沙治沙工程效益。工程监测与效益评价结果应分区、分级进行，在国家级的监测站下面，根据实际情况分级设立各级监测网点。

（三）完善管理体制，创新治理机制

我国北方的土地退化经过近半个世纪的研究和治理，荒漠化和沙化整体扩展的趋势得到初步遏制，但局部地区仍在扩展。基于我国的国情和沙情，我国土地荒漠化和沙化的总体形势仍然严峻，防沙治沙的任务仍然非常艰巨。我国荒漠化治理过多地依赖政府行为，忽视了人力资本的开发和技术成果的推广与转化。制度安排得不合理是影响我国沙漠化治理成效的重要原因之一。要走出现实的困境，就必须完成制度安排的正向变迁，在产权得到保护和补偿制度建立的前提下，通过一系列的制度保证，将荒漠的公益性治理的运作机制转变为利益性治理，建立符合经济主体理性的激励相容机制，鼓励农牧民和企业参与治沙，从根本上解决荒漠化的贫困根源，使荒漠化地区经济、社会得到良性发展，实现社会、经济、环境三重效益的整体最大化。

1. 设立生态特区和封禁保护区

在我国北方共计有 7400 多千米的边境风沙线，既是国家的边防线，又是近 50 个少数民族的生命线。另外，西部航天城、军事基地，卫星、导弹发射基地，驻扎在国境线上的无数边防哨卡等，直接关系到国防安全和国家安全。荒漠化地区的许多国有林场（包括苗圃、治沙站）和科研院所是防治荒漠化的主力军，但科学研究因缺乏经费不能开展，许多关键问题如节水技术、优良品种选育、病虫害防治等得不到解决，很多种、苗基地处于瘫痪、半瘫痪状态，职工工资没有保障，工程建设缺乏技术支撑和持续发展后劲。

有鉴于此，建议将沙区现有的军事战略基地（军事基地、航天基地、边防哨所、营地等）和科研基地（长期定位观测站、治沙试验站、新技术新品种试验区等）划为生态特区。

沙化土地封禁保护区是指在规划期内不具备治理条件的以及因保护生态的需要不宜开发利用的连片沙化土地。据测算，按照沙化土地封禁保护区划定的基本条件，我国适合封禁保护的沙化土地总面积约 60 万 km^2，主要分布在西北荒漠和半荒漠地区以及青藏高原高寒荒漠地区，区内分布有塔克拉玛干、古尔班通古特、库姆塔格、巴丹吉林、腾格里、柴达木、亚玛雷克、巴音温都尔等沙漠。行政范围涉及新疆、内蒙古、西藏、甘肃、宁夏、青海 6 个省（自治区），114 个县（旗、区）。这些地区是我国沙尘暴频繁活动的中心区域或风沙移动的路经区，对周边区域的生态环境有明显的影响。因此，加快对这些地区实施封禁保护，促进沙区生态环境的自然修复，减轻沙尘暴的危害，改善区域生态环境，是当前防沙治沙工作所面临的一项十分紧迫的任务。

主要采取的保护措施包括：一是停止一切导致这部分区域生态功能退化的开发活动和其他人为破坏活动；二是停止一切产生严重环境污染的工程项目建设；三是严格控制人口增长，区内人口已超过承载能力的应采取必要的移民措施；四是改变粗放生产经营方式，走生态经济型发展的道路，对已经破坏的重要生态系统，要结合生态环境建设措施，认真组织重建，尽快遏制生态环境恶化趋势；五是进行重大工程建设要经国务院指定的部门批准。沙化土地封禁保护区建设是一项新事物，目前仍处于起步阶段。特别是封禁保护的区域多位于边远地区、贫困地区和少数民族地区，如何妥善处理好封禁保护与地方经济社会发展的关系，保证其健康有序地推进，还没有可以借鉴的成熟模式和经验，还需要在实践过程中不断地探索和总结。封禁保护区建设涉及农、林、国土等不同的行业和部门，建设项目包括封禁保护区居民转移安置、配套设施建设、管理和管护队伍建设、宣传教育等，是一项工作难度大、综合性较强的系统工程。因此，研究制定切实可行的措施与保障机制，对于保证封禁保护区建设成效具有重要意义。

2. 创办专业化治沙生态林场

目前，荒漠化地区"林场变农场，苗圃变农田，职工变农民"的现象比较普遍。近几年在西北地区暴发的黄斑天牛、光肩星天牛虫害使多年来营造的大面积防护林毁于一旦，给农业生产带来严重损失，宁夏平原地区因天牛危害砍掉防护林使农业减产20%~30%，这种本可避免的损失与上述困境有直接的关系。

为了保证荒漠化治理工程建设的质量和投资效益；建议在国家、省、地、县组建生态工程承包公司，由农村股份合作林场、治沙站、国有林场以及下岗人员参与国家和地方政府的荒漠化治理工程投标。所有生态工程建设项目实行招标制审批，合同制管理，公司制承包，股份制经营，滚动式发展机制，自主经营，自负盈亏，独立核算。

3. 出台荒漠化治理的优惠政策

我国先后颁布和制定过多项防沙治沙优惠政策（如发放贴息贷款、沙地无偿使用、减免税收等），但大多数已不能适应新的形势发展。为了鼓励对荒漠化土地的治理与开发，新的优惠政策应包括四个方面：一是资金扶持。由于荒漠化地区治理、开发投资大，除工程建设投资和贴息贷款外，建议将中央农、林、牧、水、能源等各产业部门、扶贫、农业综合开发等资金捆在一起，统一使用，以加大治理和开发的力度和规模。二是贷款优惠。改进现行贴息办法，实行定向、定期、定率贴息。根据工程建设内容的不同实行不同的还贷期限，如投资周期长的林果业，还贷期限以延长至8~15年为宜。简化贷款手续，改革现行贷款抵押办法，放宽贷款条件。三是落实权属。鼓励集体、社会团体、个人和外商承包治理和开发荒漠化土地，实行"谁治理、谁开发、谁受益"的政策，50~70年不变，允许继承、转让、拍卖、租赁等。四是税收减免。

4. 完善生态效益补偿制度

防治荒漠化工程的主体是生态工程，需要长期经营和维护，其回报则主要或全部是具有公益性质的生态效益。为了补偿生态公益经营者付出的投入，弥补工程建设经费的不足，合理调节生态公益经营者与社会受益者之间的利益关系，增强全社会的环境意识和责任感，在荒漠化地区应尽快建立和完善生态效益补偿制度。补偿内容包括三个方面：一是向防治荒漠化工程的生态受益单位和个人，征收一定比例的生态效益补偿金；二是使用治理修复的荒漠化土地的单位和个人必须缴纳补偿金；三是破坏生态者不仅要支付罚款和负责恢复生态，还要缴纳补偿金。收取的补偿金专项用于防治荒漠化工程建设，不得挪用，以保证工程建设持续、快速、健康地发展。

第三节 森林及湿地生物多样性保护

一、生物多样性保护技术

(一) 一般途径

1. 就地保护

就地保护是保护生物多样性最为有效的措施。就地保护是指为了保护生物多样性，把包含保护对象在内的一定面积的陆地或水体划分出来，进行保护和管理。就地保护的对象主要包括有代表性的自然生态系统和珍稀濒危动植物的天然集中分布区等。就地保护主要是建立自然保护区。自然保护区的建立需要大量的人力物力，因此，保护区的数量终究有限。同时，某些濒危物种、特殊生态系统类型、栽培和家养动物的亲缘种不一定都生活在保护区内，还应从多方面采取措施，如建设设立保护点等。在林业上，应采取有利于生物多样性保护的林业经营措施，特别应禁止采伐残存的原生天然林及保护残存的片断化的天然植被，如灌丛、草丛，禁止开垦草地、湿地等。

2. 迁地保护

迁地保护是就地保护的补充。迁地保护是指为了保护生物多样性，把由于生存条件不复存在，物种数量极少或难以找到配偶等原因，而生存和繁衍受到严重威胁的物种迁出原地，通过建立动物园、植物园、树木园、野生动物园、种子库、精子库、基因库、水族馆、海洋馆等不同形式的保护设施，对那些比较珍贵的、具有较高价值的物种进行的保护。这种保护在很大程度上是挽救式的，它可能保护了物种的基因，但长久以后，可能保护的是生物多样性的活标本。因为迁地保护是利用人工模拟环境，自然生存能力、自然竞争等在这里无法形成。珍稀濒危物种的迁地保护一定要考虑种群的数量，特别对稀有和濒危物种引种时要考虑引种的个体数量，因为保持一个物种必须以种群最小存活数量为依据。对某一个种仅引种几个个体对保存物种的意义有限，而且一个物种种群最好来自不同地区，以丰富物种遗传多样性。迁地保护为趋于灭绝的生物提供了生存的最后机会。

3. 离体保护

离体保护是指通过建立种子库、精子库、基因库等对物种和遗传物质进行的保护。这种方法利用空间小、保存量大、易于管理，但该方法在许多技术上有待突破。对于一些不易储藏、储存后发芽率低等"难对付"的种质材料，目前还很难实施离体保护。

（二）自然保护区建设

自然保护区在保护生态系统的天然本底资源、维持生态平衡等多方面都有着极其重要的作用。在生物多样性保护方面，由于自然保护区很好地保护了各种生物及其赖以生存的森林、湿地等各种类型生态系统，为生态系统的健康发展以及各种生物的生存与繁衍提供了保证。自然保护区是各种生态系统以及物种的天然储存库，是生物多样性保护最为重要的途径和手段。

1. 自然保护区地址的选择

保护地址的选择，首先必须明确其保护的对象与目标要求。一般来说须考虑以下因素：①典型性。应选择有地带性植被的地域，应有本地区原始的"顶极群落"，即保护区为本区气候带最有代表性的生态系统。②多样性。即多样性程度越高，越有保护价值。③稀有性。即保护那些稀有的物种及其群体。④脆弱性。脆弱的生态系统对极易受环境的改变而发生变化，保护价值较高。另外，还要考虑面积因素、天然性、感染力、潜在的保护价值以及科研价值等方面。

2. 自然保护区设计理论

由于受到人类活动干扰的影响，许多自然保护区已经或正在成为生境岛屿。岛屿生物地理学理论为研究保护区内物种数目的变化和保护的目标物种的种群动态变化提供了重要的理论方法，成为自然保护区设计的理论依据。但在一个大保护区好还是几个小保护区好等问题上，一直存有争议，因此岛屿生物地理学理论在自然保护区设计方面的应用值得进一步研究与认识。

3. 自然保护区的形状与大小

保护区的形状对于物种的保存与迁移起着重要作用。当保护区的面积与其周长比率最大时，物种的动态平衡效果最佳，即圆形是最佳形状，它比狭长形具有较小的边缘效应。

对于保护区面积的大小，目前尚无准确的标准。主要应根据保护对象和目的，应基于物种—面积关系、生态系统的物种多样性与稳定性等加以确定。

4. 自然保护区的内部功能分区

自然保护区的结构一般由核心区、缓冲区和实验区组成，不同的区域具有不同的功能。

核心区是自然保护区的精华所在，是被保护物种和环境的核心，需要加以绝对严格保护。核心区具有以下特点：①自然环境保存完好；②生态系统内部结构稳定，演替过程能够自然进行；③集中了本自然保护区特殊的、稀有的野生生物物种。

核心区的面积一般不得小于自然保护区总面积的 1/3。在核心区内可允许进行科学观测，在科学研究中起对照作用。不得在核心区采取人为的干预措施，更不允许修建人工设施和进入机动车辆。应禁止参观和游览的人员进入。

缓冲区是指在核心区外围为保护、防止和减缓外界对核心区造成影响和干扰所划出的区域，它有两个方面的作用：①进一步保护和减缓核心区不受侵害；②可允许进行经过管理机构批准的非破坏性科学研究活动。

实验区是指自然保护区内可进行多种科学实验的地区。实验区内在保护好物种资源和自然景观的原则下，可进行以下活动和实验：①栽培、驯化、繁殖本地所特有的植物和动物资源；②建立科学研究观测站从事科学实验；③进行大专院校的教学实习；④具有旅游资源和景点的自然保护区，可划出一定的范围，开展生态旅游。

景观生态学的理论和方法在保护区功能区的边界确定及其空间格局等方面的应用越来越引起人们的关注。

5. 自然保护区之间的生境廊道建设

生境廊道既为生物提供了居住的生境，也为动植物的迁移扩散提供了通道。自然保护区之间的生境廊道建设，有利于不同保护区之间以及保护区与外界之间进行物质、能量、信息的交流。在生境破碎，或是单个小保护区内不能维持其种群存活时，廊道为物种的安全迁移以及扩大生存空间提供了可能。

二、我国生物多样性保护重大行动

（一）全国野生动植物保护及自然保护区建设工程总体规划

1. 总体目标

通过实施全国野生动植物保护及自然保护区工程建设总体规划（规划期为2001—2050年），拯救一批国家重点保护野生动植物，扩大、完善和新建一批国家级自然保护区、禁猎区和种源基地及珍稀植物培育基地，恢复和发展珍稀物种资源。到建设期末，使我国自然保护区数量达到2500个（林业自然保护区数量为2000个），总面积1.728亿 hm^2，占国土面积的18%（林业自然保护区总面积占国土面积的16%）。形成一个以自然保护区、重要湿地为主体，布局合理、类型齐全、设施先进、管理高效、具有国际重要影响的自然保护网络。加强科学研究、资源监测、管理机构、法律法规和市场流通体系建设和能力建设，基本实现野生动植物资源的可持续利用和发展。

2. 工程区分类与布局

根据国家重点保护野生动植物的分布特点，将野生动植物及其栖息地保护总体规划在地域上划分为东北山地平原区、蒙新高原荒漠区、华北平原黄土高原区、青藏高原高寒区、西南高山峡谷区、中南西部山地丘陵区、华东丘陵平原区和华南低山丘陵区共8个建设区域。

3. 建设重点

（1）国家重点野生动植物保护

具体开展大熊猫、朱鹮、老虎（东北虎、华南虎、孟加拉虎和印支虎）、金丝猴、藏羚羊、扬子鳄、大象、长臂猿、麝、普氏原羚、野生鹿、鹤类、野生雉类、兰科植物、苏铁等15个重点野生动植物保护项目建设。

（2）国家重点生态系统类型自然保护区建设

森林生态系统保护和自然保护区建设：①热带森林生态系统保护。加强12处58万 hm^2 已建国家级自然保护区的建设，新建保护区8处，面积30万 hm^2。②亚热带森林生态系统保护。重点加强现有33个国家级自然保护区建设，新建34个国家级自然保护区，增加面积280万 hm^2。③温带森林生态系统保护。重点建设现有27处国家级自然保护区，新建16个自然保护区，面积120万 hm^2。

荒漠生态系统保护和自然保护区建设：加强30处面积3860万 hm^2 重点荒漠自然保护区的建设，新建28处总面积为2000万 hm^2 的荒漠自然保护区，重点保护荒漠地区的灌丛植被和生物多样性。

（二）全国湿地保护工程实施规划

湿地为全球三大生态系统之一，"地球之肾"。湿地是陆地（各种陆地类型）与水域（各种水域类型）之间的相对稳定的过渡区或复合区、生态交错区，是自然界陆、水、气过程平衡的产物，形成了各种特殊的、单纯陆地类型和单纯深阔水域类型所不具有的复杂性质（特殊的界面系统、特殊的复合结构、特殊的景观、特殊的物质流通和能量转化途径和通道、特殊的生物类群、特殊的生物地球化学过程等），是地球表面系统水循环、物质循环的平衡器、缓冲器和调节器，具有极其重要的功能。具体表现为生命与文明的摇篮；提供水源，补充地下水；调节流量，控制洪水；保护堤岸，抵御自然灾害；净化污染；保留营养物质；维持自然生态系统的过程；提供可利用的资源；调节气候；航运；旅游休闲；教育和科研等。作为水陆过渡区，湿地孕育了十分丰富而又独特的生物资源，是重要的基因库。

1. 长期目标

根据《全国湿地保护工程规划（2002—2030年）》建设目标，湿地保护工程建设的长期目标是：通过湿地及其生物多样性的保护与管理，湿地自然保护区建设等措施，全面维护湿地生态系统的生态特性和基本功能，使我国自然湿地的下降趋势得到遏制。通过补充湿地生态用水、污染控制以及对退化湿地的全面恢复和治理，使丧失的湿地面积得到较大恢复，使湿地生态系统进入一种良性状态。同时，通过湿地资源可持续利用示范以及加强湿地资源监测、宣教培训、科学研究、管理体系等方面的能力建设，全面提高我国湿地保护、管理和合理利用水平，从而使我国的湿地保护和合理利用进入良性循环，保持和最大限度地发挥湿地生态系统的各种功能和效益，实现湿地资源的可持续利用，使其造福当代、惠及子孙。

2. 建设布局

根据我国湿地分布的特点，全国湿地保护工程的建设布局为东北湿地区、黄河中下游湿地区、长江中下游湿地区、滨海湿地区、东南和南部湿地区、云贵高原湿地区、西北干旱半干旱湿地区、青藏高寒湿地区。

3. 建设内容

湿地保护工程涉及湿地保护、恢复、合理利用和能力建设四个环节的建设内容，它们相辅相成，缺一不可。考虑到我国保护现状和建设内容的轻重缓急，优先开展湿地的保护和恢复、合理利用的示范项目以及必需的能力建设。

（1）湿地保护工程

对目前湿地生态环境保持较好、人为干扰不是很严重的湿地，以保护为主，以避免生态进一步恶化。

自然保护区建设。我国现有湿地类型自然保护区 473 个，已投资建设了 30 多处。规划期内投资建设 222 个。其中，现有国家级自然保护区、国家重要湿地范围内的地方级及少量新建自然保护区共 139 个。

保护小区建设。为了抢救性保护我国湿地区域内的野生稻基因，需要在全国范围内建设 13 个野生稻保护小区。

对 4 个人为干扰特别严重的国家级湿地自然保护区的核心区实施移民。

（2）湿地恢复工程

对一些生态恶化、湿地面积和生态功能严重丧失的重要湿地，目前正在受到破坏亟须采取抢救性保护的湿地，要针对具体情况，有选择性开展湿地恢复项目。

湿地生态补水。规划在吉林向海、黑龙江扎龙等 12 处重要湿地实施生态补水示范工程。

湿地污染控制。规划选择污染严重生态价值又大的江苏阳澄湖、滆湖、新疆博斯腾湖、内蒙古乌梁素海 4 处开展富营养化湖泊湿地生物控制示范，选择大庆、辽河和大港油田进行开发湿地的保护示范。

湿地生态恢复和综合整治工程。对列入国际和国家重要湿地名录，以及位于自然保护区内的自然湿地，已被开垦占用或其他方式改变用途的，规划采取各种补救措施，努力恢复湿地的自然特性和生态特征。湿地生态恢复和综合整治工程包括退耕（养）还泽（滩）、植被恢复、栖息地恢复和红树林恢复 4 项工程。其中退耕（养）还泽（滩）示范工程 4 处，总面积 11 万 hm^2；湿地植被恢复工程 7 处 31.6 万 hm^2；栖息地恢复工程 13 处，总面积 24.3 万 hm^2，红树林恢复 1.8 万 hm^2。

第四节 现代林业的生物资源与利用

一、林业生物质材料

林业生物质材料是以木本植物、禾本植物和藤本植物等天然植物类可再生资源及其加工剩余物、废弃物和内含物为原材料，通过物理、化学和生物学等高科技手段，加工制造的性能优异、环境友好、具有现代新技术特点的一类新型材料。其应用范围超过传统木材和制品以及林产品的使用范畴，是一种能够适应未来市场需求、应用前景广阔、能有效节约或替代不可再生矿物资源的新材料。

（一）发展林业生物质材料的意义

1. 节约资源、保护环境和实现经济社会可持续发展的需要

现今全世界都在谋求以循环经济、生态经济为指导，坚持可持续发展战略，从保护人类自然资源、生态环境出发，充分有效利用可再生的、巨大的生物质资源，加工制造生物质材料，以节约或替代日益枯竭、不可再生的矿物质资源材料。因此，世界发达国家都大力利用林业生物质资源，发展林业生物质产业，加工制造林业生物质材料，以保障经济社会发展对材料的需求。

近些年，我国经济的快速增长，在相当程度上是依赖资金、劳动力和自然资源等生产要素的粗放投入实现的。我国矿产资源紧缺矛盾日益突出，石油、煤炭、铜、铁、锰、铬储量持续下降，缺口进一步加大，面临资源难以为继的严峻局面。由此可见，在我国大力发展林业生物质材料产业，生产林业生物质材料，以节约或替代矿物资源材料更是迫在眉睫，刻不容缓。随着国家生物经济的发展和建设创新型国家战略的实施，我国林业生物质材料产业的快速发展必将在国家经济和社会可持续发展中保障材料供给发挥越来越重要的作用。

2. 我国实现林农增收和建设社会主义新农村的需要

我国是一个多山的国家，山区面积占国土总面积的 69%，山区人口占全国总人口的

56%。近年来，国家林业局十分重视林业生物质资源的开发，特别是在天然林资源保护工程实施以后，通过加强林业废弃物、砍伐加工剩余物以及非木质森林资源的资源化加工利用，取得显著成效，大大地带动了山区经济的振兴和林农的脱贫致富。全国每年可带动4500万林农就业，相当于农村剩余劳动力的37.5%。毫无疑问，通过生物质材料学会，沟通和组织全国科研院所，研究和开发出生物质材料成套技术，培育出生物质材料新兴产业，实现对我国丰富林业生物质资源的延伸加工，调整林业产业结构，拓展林农就业空间，增加林农就业机会，提高林农收入，改善生态环境和建设社会主义新农村具有重大战略意义。

3. 实现与国际接轨和参加国际竞争的需要

当前，人类已经面临着矿物质资源的枯竭。因此，如何以生物经济为指导，合理开发和利用林业生物质材料所具有的可再生性和生态环境友好性双重性质，以再生生物质资源节约或代替金属和其他源于矿物质资源化工材料的研究，已引起国际上广泛的重视。为此，世界各国纷纷将生物质材料研究列为科技重点，并成立相应的研究组织，或将科研院所或高等院校的"木材科学与技术"机构更名或扩大为"生物质材料科学"机构，准备在这一研究领域展开源头创新竞争，率先领导一场新的产业革命。因此，完善我国生物质材料研究和开发体系，有利于进行国际学术交流和参加国际竞争，提高我国生物质材料科学研究水平。

（二）林业生物质材料发展基础和潜力

1. 发展林业生物质材料产业有稳定持续的资源供给

太阳能或者转化为矿物能积存于固态（煤炭）、液态（石油）和气态（天然气）中；或者与水结合，通过光合作用积存于植物体中。对转化和积累太阳能而言，植物特别是林木资源具有明显的优势。森林是陆地生态系统的主体，蕴藏着丰富的可再生资源，是世界上最大的可加以利用的生物质资源库，是人类赖以生存发展的基础资源。森林资源的可再生性、生物多样性、对环境的友好性和对人类的亲和性，决定了以现代科学技术为依托的林业生物产业在推进国家未来经济发展和社会进步中具有重大作用，不仅显示出巨大的发展潜力，而且顺应了国家生物经济发展的潮流。近年实施的六大林业重点工程，已营造了大量的速生丰产林，目前资源培育力度还在进一步加大。此外，丰富的沙生灌木和非木质森林资源以及大量的林业废弃物和加工剩余物也将为林业生物质材料的利用提供重要资源渠道，这些都将为生物质材料的发展提供资源保证。

2. 发展林业生物质材料研究和产业具有坚实的基础

长期以来，我国学者在林业生物质材料领域，围绕天然生物质材料、复合生物质材料以及合成生物质材料方面做了广泛的科学研究工作，研究了天然林木材和人工林木材及竹、藤材的生物学、物理学、化学与力学和材料学特征以及加工利用技术，研究了木质重组材料、木基复合材料、竹藤材料及秸秆纤维复合/重组材料等各种生物质材料的设计与制造及应用，研究了利用纤维素质原料粉碎冲击成型而制造一次性可降解餐具，利用淀粉加工可降解塑料，利用木粉的液化产物制备环保型酚醛胶黏剂等，基本形成学科方向齐全、设备先进、研究阵容强大，成果丰硕的木材科学与技术体系，打下了扎实的创新基础。近几年来，我国林业生物质材料产业已经呈现出稳步跨越、快速发展的态势，正经历着从劳动密集型到劳动与技术、资金密集型转变，从跟踪仿制到自主创新的转变，从实验室探索到产业化的转变，从单项技术突破到整体协调发展的转变，产业规模不断扩大，产业结构不断优化，产品质量明显提高，经济效益持续攀升。

我国学者围绕天然生物质材料、复合生物质材料以及合成生物质材料方面做了广泛的科学研究工作，研究了天然林木材和人工林木材的生物学、物理学、化学与力学和材料学特征以及加工利用技术，研究了木质重组材料、木基复合材料、竹藤材料及秸秆纤维复合/重组材料等各种生物质材料的设计与制造及应用研究。

3. 发展林业生物质材料适应未来的需要

材料工业方向必将发生巨大变化，发展林业生物质材料适应未来工业目标。生物质材料是未来工业的重点材料。生物质材料产业开发利用已初见端倪，逐步在商业和工业上取得成功，在汽车材料、航空材料、运输材料等方面占据了一定的地位。

随着林木培育、采集、储运、加工、利用技术的日趋成形和完善，随着生物质材料产业体系的形成和建立，相对于矿物质资源材料来说，随着矿物质材料价格的不可扼制的高涨，生物质材料从根本上平衡和协调了经济增长与环境容量之间的相互关系，是一种清洁的可持续利用的材料。生物质材料将实现规模化快速发展，并将逐渐占据重要地位。

4. 发展林业生物质材料产业将促进林业产业的发展，有利于新农村建设

中国宜林地资源较丰富，特别是中国有较充裕廉价的劳动力资源，可以通过培育林木生物质资源，实现资源优势和人力资源优势向经济优势的转化，利于国家，惠及农村，富在农民。

发展林业生物质材料产业将促动我国林产工业跨越性发展。我国正处在传统产业向现代产业转变的加速期，对现代产业化技术装备需求迫切。林业生物质材料技术基础将先进的适应资源特点的技术和高性能产品为特征的高新技术相结合，适应了我国现阶段对现代化技术的需求。

5. 发展林业生物质材料产业须改善管理体制上的不确定性

不可忽视的是，目前生物质材料产业还缺乏系统规划和持续开发能力。林业生物质材

料产业的资源属林业部门管理，而产品分别归属农业、轻工、建材、能源、医药、外贸等部门管理，作为一个产品类型分支庞大而各产品相对弱小的产业，系统的发展规划尚未列入各管理部门的规划重点，导致在应用方面资金投入、人才投入较弱。

此外在管理和规划上须重点关注的问题有以下六点：

①随着林业生物质材料产业的壮大，逐渐完善或建立相应的资源供给、环境控制、收益回报等政策途径。

②在实践的基础上，在产品和地区的水平上建立林业生物质材料产业可持续发展示范点。

③以基因技术和生物技术为主的技术突破来促进生产力的提高。

④按各产品分类，从采集、运输和产品产出上降低成本，提高市场竞争力。

⑤重点发展环境友好型工程材料和化工材料等，开拓林业生物质材料在建筑、装饰、交通等方面的应用。

⑥重点开展新型产品在不同领域的应用性研究，示范并推动林业生物质材料产业的发展。从长远战略规划出发，进一步开展生物质材料产出与效率评估、生物质材料及产品生命循环研究。

（三）林业生物质材料发展重点领域与方向

1. 主要研发基础与方向

具体产业领域发展途径是以生物质资源为原料，采用相应的化学加工方法，以获取能替代石油产品的化学资源，采用现代制造理论与技术，对生物质材料进行改性、重组、复合等，在满足传统市场需求的同时，发展被赋予新功能的新材料；拓展生物质材料应用范围，替代矿物源材料（如塑料、金属等）在建筑、交通、日用化工等领域上的使用；相应地，按照材料科学学科的研究方法和基本理念，林业生物质材料学科研发基础与方向由以下9个研究领域组成：

（1）生物质材料结构、成分与性能

主要开展木本植物、禾本植物、藤本植物等生物质材料及其衍生新材料的内部组织与结构形成规律、物理、力学和化学特性，包括生物质材料解剖学与超微结构、生物质材料物理学与流体关系学、生物质材料化学、生物质材料力学与生物质材料工程学等研究，为生物质材料定向培育和优化利用提供科学依据。

（2）生物质材料生物学形成及其对材料性能的影响

主要开展木本植物、禾本植物、藤本植物等生物质材料在物质形成过程中与营林培育的关系，以及后续加工过程中对加工质量和产品性能的影响研究。在研究生物质材料基本性质及其变异规律的基础上，一方面研究生物质材料性质与营林培育的关系；另一方面研究生物质材料性质与加工利用的关系，实现生物质资源的定向培育和高效合理利用。

（3）生物质材料理化改良

主要开展应用物理的、化学的、生物的方法与手段对生物质材料进行加工处理的技术，克服生物质材料自身的缺陷，改善材料性能，拓宽应用领域，延长生物质材料使用寿命，提高产品附加值。

（4）生物质材料的化学资源化

主要开展木本植物、禾本植物、藤本植物等生物质材料及其废弃物的化学资源转换技术研究开发，以获取能替代石油基化学产品的新材料。

（5）生物质材料生物技术

主要通过酶工程和发酵工程等生物技术手段，开展生物质材料生物降解、酶工程处理生物质原料制造环保性生物质材料、生物质材料生物漂白和生物染色、生物质材料病虫害生物防治、生物质废弃物资源生物转化利用等领域的基础研究技术开发。

（6）生物质重组材料设计与制备

主要开展以木本植物、禾本植物和藤本植物等生物质材料为基本单元进行重组的技术，研究开发范围包括木质人造板和非木质人造板的设计与制备，制成具有高强度、高模量和优异性能的生物质结构（工程）材料、功能材料和环境材料。

（7）生物质基复合材料设计与制备

主要开展以木本植物、禾本植物和藤本植物等生物质材料为基体组元，与其他有机高聚物材料或无机非金属材料或金属材料为增强体组元或功能体单元进行组合的技术研究，研究开发范围包括生物质基金属复合材料、生物质基无机非金属复合材料、生物质基有机高分子复合材料的设计与制备，满足经济社会发展对新材料的需求。

（8）生物质材料先进制造技术

主要以现代电子技术、计算机技术、自动控制理论为手段，研究生物质材料的现代设计理论和方法，生物质材料的先进加工制造技术以及先进生产资源管理模式，以提升传统生物质材料产业，实现快速、灵活、高效、清洁的生产模式。

（9）生物质材料标准化研究

主要开展木材、竹材、藤材及其衍生复合材料等生物质材料产品的标准化基础研究、关键技术指标研究、标准制定与修订等，为规范生物质材料产业的发展提供技术支撑。

2. 重点产业领域进展

林产工业正逐步转变传统产业的内涵，采用现代技术及观念，利用林业低质原料和废弃原料，发展具有广泛意义的生物质材料的重点主题有三个方面：一是原料劣化下如何开发和生产高等级产品，以及环境友好型产品；二是重视环境保护与协调，节约能源降低排出，提高经济效益；三是利用现代技术，如何拓展应用领域，创新性地推动传统产业进步。林业生物质材料已逐渐发展成四类。

（1）化学资源化生物质材料

包括木基塑料（木塑挤出型材、木塑重组人造板、木塑复合卷材、合成纤维素基塑料）、纤维素生物质基复合功能高分子材料、木质素基功能高分子复合材料、木材液化树脂、松香松节油基生物质复合功能高分子材料等。

（2）功能性改良生物质材料

包括陶瓷化复合木材、热处理木材、密实化压缩增强木材、木基/无机复合材料、功能性（如净化、保水、导电、抗菌）木基材料、防虫防腐型木材等。

陶瓷化复合木材通过国家"攀登计划""863 计划"等课题的资助，我国已逐步积累和形成了此项拥有自主知识产权的制造技术，在理论和实践上均有创新，目前处于生产性实验阶段；目前热处理木材和密实化压缩增强木材相关产品和技术在国内建有十多家小型示范生产线，产品应用在室外材料和特种增强领域。

（3）生物质结构工程材料

包括木结构用规格材、大跨度木（竹）结构材料及构件、特殊承载木基复合材料、最优组态工程人造板、植物纤维基工程塑料等。

中国木基结构工程材料在建筑领域应用已达到 50 万 m² 以上，主要采用的是进口材料。目前国内正在构建木结构用规格材和大跨度木（竹）结构材料及构件相关标准架构，建成和再建示范性建筑约 2000m²，大跨度竹结构房屋已应用在云南屏边县希望小学；大型风力发电用竹结构风叶进入产业化阶段；微米长纤维轻质与高密度车用模压材料取得突破性进展等。

（4）特种生物质复合材料

快速绿化用生物质复合卷材、高附加值层积装饰塑料、多彩植物纤维复合装饰吸音材料、陶瓷化单板层积材、三维纹理与高等级仿真木基材料、木质碳材料等。

特种生物质复合材料基本上处于技术开发与产业推广阶段，木基模压汽车内衬件广泛用于汽车业，总量不超过 1 万 m²；高附加值层积装饰塑料已应用于特种增强和装饰方面，如奥运用比赛用枪、刀具装饰性柄、纽扣等；植物纤维复合装饰吸音材料已用于高档内装修，以及公路隔音板等。

二、林业生物质能源

生物质能一直与太阳能、风能以及潮汐能一起作为新能源的代表，由于林业生物质资源量丰富且可以再生，其含硫量和灰分都比煤炭低，而含氢量较高，现在受关注的程度直线上升。

（一）林业生物质能源发展现状与趋势

1. 能源林培育

目前，世界上许多国家都通过引种栽培，建立新的能源基地，如"石油植物园""能源农场"。

我国有经营薪炭林的悠久历史，但研究系统性不高、技术含量低、规模较小。1949年后，开始搞一些小规模的薪炭林，但大都是天然林、残次生林和过量樵采的人工残林，人工营造的薪炭林为数不多，规模较小，经营管理技术不规范，发展速度缓慢，具有明显的局部性、自发性、低产性等特点。全国薪炭林试点建设阶段大体在"六五"试点起步，随后有了一定的发展。但近些年，薪炭林的建设逐年滑坡，造林面积逐年减少。根据第六次全国森林资源清查结果，薪炭林面积303.44万 hm^2，占森林总面积的1.7%；蓄积5627.00万 hm^2，占森林总蓄积的0.45%；分别较第五次森林资源清查结果相比均减少了50%。说明我国薪炭林严重缺乏，亟须发展，以增加面积和蓄积，缓解对煤炭、其他用途林种消耗的压力。并且，日益增长的对生物质能源的需求，如生物发电厂、固体燃料等，更加大了对能源林的需求。

在木本油料植物方面，我国幅员辽阔，地域跨度广，水热资源分布差异大，含油植物种类丰富，分布范围广，共有151个科1553种，其中种子含油量在40%以上的植物为154个种，但是可用作建立规模化生物质燃料油原料基地乔灌木种不足30种，分布集中成片可建做原料基地，并能利用荒山、沙地等宜林地进行造林建立起规模化的良种供应基地的生物质燃料油植物仅10种左右，其中包括麻风树、油桐、乌桕、黄连木、文冠果等。从世界范围来看，真正被用于生物柴油生产的木本油料优良品种选育工作才刚刚开始。

2. 能源产品转化利用

（1）液体生物质燃料

生物质资源是唯一能够直接转化为液体燃料的可再生能源，以其产量巨大、可储存和碳循环等优点已引起全球的广泛关注。目前液体生物质燃料主要被用于替代化石燃油作为运输燃料。开发生物质液体燃料是国际生物质能源产业发展最重要的方向，已开始大规模推广使用的主要液体燃料产品有燃料乙醇、生物柴油等。

（2）气体生物质燃料

林业生物质气体燃料主要有生物质气化可燃气、生物质氢气以及燃烧产生的电能和热能。

①生物质气化。生物质气化是以生物质为原料，以氧气（空气、富氧或纯氧）、水蒸气或氢气等作为气化介质，在高温条件下通过热化学反应将生物质中可燃部分转化为可燃气的过程，生物质气化时产生的气体有效成分为 CO、H_2 和 CH_4 等，称为生物质燃气。对

于生物质气化过程的分类有多种形式。如果按照制取燃气热值的不同可分为：制取低热值燃气方法（燃气热值低于 8MJ/m³），制取中热值燃气方法（燃气热值为 16~33MJ/m³），制取高热值燃气方法（燃气热值高于 33MJ/m³）；如果按照设备的运行方式的不同，可以将其分为固定床、流化床和旋转床。如果按照汽化剂的不同，可以将其分为干馏气化、空气气化、氧气气化、水蒸气气化、水蒸气—空气气化和氢气气化等。生物质气化炉是气化反应的关键设备。在气化炉中，生物质完成了气化反应过程并转化为生物质燃气。目前主要应用的生物质气化设备有热解气化炉、固定床气化炉以及流化床气化炉等形式。

生物质气化发电技术是把生物质转化为可燃气，再利用可燃气推动燃气发电设备进行发电。它既能解决生物质难于燃用而且分布分散的缺点，又可以充分发挥燃气发电技术设备紧凑而且污染少的优点，所以气化发电是生物质能最有效、最洁净的利用方法之一。气化发电系统主要包括三个方面：一是生物质气化，在气化炉中把固体生物质转化为气体燃料；二是气体净化，气化出来的燃气都含有一定的杂质，包括灰分、焦炭和焦油等，须经过净化系统把杂质除去，以保证燃气发电设备的正常运行；三是燃气发电，利用燃气轮机或燃气内燃机进行发电，有的工艺为了提高发电效率，发电过程可以增加余热锅炉和蒸汽轮机。

我国生物质气化供气，作为家庭生活的气体燃料，已经推广应用了 400 多套小型的气化系统，主要应用在农村，规模一般在可供 200~400 户家庭用气，供气户数 4 万余户。用于木材和农副产品烘干的有 800 多台。生物质气化发电技术也得到了应用，第一套应用稻糠发电的小型气化机组是在 1981 年，1MW 级生物质气化发电系统已推广应用 20 多套。气化得到的气体热值为 4~10MJ/m³，气化的热效率一般为 70% 左右，发电的热效率比较低，小型的气化系统只有 12% 左右，MW 级的发电效率也不到 18%。

提高气化效率、改善燃气质量、提高发电效率是未来生物质气化发电技术开发的重要目标，采用大型生物质气化联合循环发电（BIGCC）技术有可能成为生物质能转化的主导技术之一，效率可达 40% 以上；同时，开发新型高效率的气化工艺也是重要发展方向之一。

②生物质制氢。氢能是一种新型的洁净能源，是新能源研究中的热点，在 21 世纪有可能在世界能源舞台上成为一种举足轻重的二次能源。目前制氢的方法很多，主要有水电解法、热化学法、太阳能法、生物法等。生物质制氢技术是制氢的重要发展方向，主要集中在生物法和热化学转换法。意大利开发了生物质直接气化制氢技术，过程简单，产氢速度快，成本显著低于电解制氢、乙醇制氢等，欧洲正在积极推进这项技术的开发。

生物质资源丰富、可再生，其自身是氢的载体，通过生物法和热化学转化法可以制得富氢气体。随着"氢经济社会"的到来，无污染、低成本的生物质制氢技术将有一个广阔的应用前景。

3. 固体生物质燃料

固体生物质燃料是指不经液化或气化处理的固态生物质，通过改善物理性状和燃烧条件以提高其热利用效率和便于产品的运输使用。固体生物质燃料适合于利用林地抚育更新和林产加工剩余物以及农区燃料用作物秸秆。由于处理和加工过程比较简单，技能和成本低，能量的产投比高，是原料富集地区的一种现实选择，欧洲和北美多用于供热发电。固体生物质燃料有成型、直燃和混合燃烧三种燃烧方式和技术。

（1）生物质成型燃料

生物质燃料致密成型技术（BBDF）是将农林废弃物经粉碎、干燥、高压成型为各种几何形状的固体燃料，具有密度高、形状和性质均一、燃烧性能好、热值高、便于运输和装卸等特点，是一种极具竞争力的燃料。从成型方式上来看，生物质成型技术主要有加热成型和常温成型两种方式。生物质成型燃料生产的关键是成型装备，按照成型燃料的物理形状分为颗粒成型燃料、棒状成型燃料和块状燃料成型燃料等形式。

我国在生物质成型燃料的研究和开发方面开始于 20 世纪 70 年代，主要有颗粒燃料和棒状燃料两种，以加热生物质中的木质素到软化状态产生胶粘作用而成型，在实际应用过程中存在能耗相对较高、成型部件易磨损以及原料的含水率不能过高等不足。近几年在借鉴国外技术的基础上，开发出的"生物质常温成型"新技术大大降低了生物质成型的能耗，并开展了产业化示范。

（2）生物质直接燃烧技术

直接燃烧是一项传统的技术，具有低成本、低风险等优越性，但热利用效率相对较低。锅炉燃烧发电技术适用于大规模利用生物质。生物质直接燃烧发电与常规化石燃料发电的不同点主要在于原料预处理和生物质锅炉，锅炉对原料适用性和锅炉的稳定运行是技术关键。

生物质直接燃烧发电的关键是生物质锅炉。我国已有锅炉生产企业曾生产过木柴（木屑）锅炉、蔗渣锅炉，品种较全，应用广泛，锅炉容量、蒸汽压力和温度范围大。但是由于国内生物质燃料供应不足，国内市场应用多为中小容量产品，大型设备主要是出口到国外生物质供应量大且集中的国际市场。常州综研加热炉有限公司与日本合资开发了一种燃烧木材加工剩余物的大型锅炉，用于木材加工企业在生产过程中所需要供热系统的加热，以降低木材产品生产的成本。

（3）生物质混燃技术

混燃是最近 10 年来许多工业化国家采用的技术之一，有许多稻草共燃的实验和示范工程。混合燃烧发电包括直接混合燃烧发电、间接混合燃烧发电和并联混合燃烧发电三种方式。直接混合燃烧发电是指生物质燃料与化石燃料在同一锅炉内混合燃烧产生蒸汽，带动蒸汽轮机发电，是生物质混合燃烧发电的主要方式，技术关键为锅炉对燃料的适应性、积灰和结渣的防治、避免受热面的高温腐蚀和粉煤灰的工业利用。

生物质混合燃烧发电技术具有良好的经济性，但是，由于目前一般混燃项目还不能得到电价补贴政策的优惠，生物质混合燃烧发电技术在我国推广应用，还需要在财税政策方面的改进，才可能有大的发展。

（二）林业生物质能源发展的重点领域

1. 专用能源林资源培育技术平台

生物质资源是开展生物质转化的物质基础，对于发展生物产业和直接带动现代农业的发展息息相关。该方向应重点开展能源植物种质资源与高能植物选育及栽培。针对目前能源林单产低、生长期长、抗逆性弱、缺乏规模化种植基地等问题，结合林业生态建设和速生丰产林建设，加速能源植物品种的遗传改良，加快培育高热值、高生物量、高含油量、高淀粉产量优质能源专用树种，开发低质地上专用能源植物栽培技术，并在不同类型宜林地、边际性土地上进行能源树种定向培育和能源林基地建设，为生物质能源持续发展奠定资源基础。能源林主要包括纤维类能源林、木本油料能源林和木本淀粉类能源林三大类。

（1）木质纤维类能源林

以利用林木木质纤维直燃（混燃）发电或将其转化为固体、液体、气体燃料为目标，重点培育具有大生物量、抗病虫害的柳树、杨树、桉树、栎类和竹类等速生短轮伐期能源树种，建立配套的栽培及经营措施；解决现有低产低效能源林改造恢复技术，优质高产高效能源林可持续经营技术，绿色生长调节剂和配方施肥技术，病虫害检疫和预警技术。加强沙生灌木等可在边际性土地上种植的能源植物新品种的选育，优化资源经营模式，提高沙柳、柠条等灌木资源利用率，建立沙生灌木资源培育和能源化利用示范区。

（2）木本油料能源林

以黄连木、油桐、麻风树、文冠果等主要木本燃料油植物为对象，大力进行良种化，解决现有低产低效林改造技术和丰产栽培技术；加快培育高含油量、抗逆性强且能在低质地生长的木本油料能源专用新树种，突破立地选择、密度控制、配方施肥等综合培育技术。以公司加农户等多种方式，建立木本油料植物规模化基地。

（3）木本淀粉类能源林

以提制淀粉用于制备燃料乙醇为目的，进行非食用性木本淀粉类能源植物资源调查和利用研究，大力选择、培育具有高淀粉含量的木本淀粉类能源树种，在不同生态类型区开展资源培育技术研究和高效利用技术研究。富含淀粉的木本植物主要是壳斗科、禾本科、豆科、蕨类等，主要是利用果实、种子以及根等。重点研究不同种类木本淀粉植物的产能率，开展树种良种化选育，建立木本淀粉类能源林培育利用模式和产业化基地，加强高效利用关键技术研究。

2. 林业生物质热化学转化技术平台

热化学平台研究和开发目标是将生物质通过热化学转化成生物油、合成气和固体碳。尤其是液体产品，主要作为燃料直接应用或升级生产精制燃料或者化学品，替代现有的原油、汽油、柴油、天然气和高纯氢的燃油和产品。另外，由于生物油中含有许多常规化工合成路线难以得到的有价值成分，它还是用途广泛的化工原料和精细日化原料，如可用生物原油为原料生产高质量的黏合剂和化妆品；也可用它来生产柴油、汽油的降排放添加剂。热化学转化平台主要包括热解、液化、气化和直接燃烧等技术。

3. 林业生物质糖转化技术平台

糖平台的技术目标是要开发使用木质纤维素生物质来生产便宜的能够用于燃料、化学制品和材料生产的糖稀。降低适合发酵成酒精的混合糖与稀释糖的成本。美国西北太平洋国家实验室（PNNL）和国家再生能源实验室（NREL）已对可由戊糖和己糖生产的300种化合物，根据其生产和进一步加工高附加值化合物的可行性进行了评估和筛选，提出了30种候选平台化合物，并从中又筛选出12种最有价值的平台化合物。但是，制约该平台的纤维素原料的预处理以及降解纤维素为葡萄糖的纤维素酶的生产成本过高、戊糖/己糖共发酵菌种等瓶颈问题尚未突破。

4. 林业生物质衍生产品的制备技术平台

（1）生物基材料转化

在进行生物质能源转化的同时，开展生物基材料的研究开发亦是国内外研究热点。应加强生物塑料（包括淀粉基高分子材料、聚乳酸、PHA、PTT、PBS）、生物基功能高分子材料、木基材料等生物基材料制备、应用和性能评价技术等方面的研究，重点在现有可生物降解高分子材料基础上，集成淀粉的低成本和聚乳酸等生物可降解树脂的高性能优势，开发全降解生物基塑料（亦称淀粉塑料）和地膜产品，开发连续发酵乳酸和从发酵液中直接聚合乳酸技术，降低可生物降解高分子树脂的成本，保证生物质材料的经济性；形成完整的生产全降解生物质材料技术、装备体系。

（2）生物基化学品转化

利用可再生的生物质原料生产生物基化学品同样具有广阔的前景。应加快生物乙烯、乳酸、1，3-丙二醇、丁二酸、糠醛、木糖醇等乙醇和生物柴油的下游及共生化工产品的研究，重点开展生物质绿色平台化合物制备技术，包括葡萄糖、乳酸、乙醇、糠醛、羟甲基糠醛、木糖醇、乙酰丙酸、环氧乙烷等制备技术。加强以糠醛为原料生产各种新型有机化合物、新材料的研究和开发。

参考文献

［1］ 王贞红. 高原林业生态工程学［M］. 成都：西南交通大学出版社，2021.

［2］ 肖国平. 实现传统林业向现代林业转变［M］. 北京：中国林业出版社，2021.

［3］ 张超. 林业无人机遥感［M］. 北京：中国林业出版社，2021.

［4］ 秦涛，陈国荣，顾雪松. 林业金融学［M］. 北京：中国林业出版社，2021.

［5］ 吴保国，苏晓慧. 现代林业信息技术与应用［M］. 北京：科学出版社，2021.

［6］ 杨红强，聂影. 中国林业国家碳库与预警机制［M］. 北京：科学出版社，2021.

［7］ 王刚，曹秋红. 林业产业竞争力评价研究［M］. 北京：知识产权出版社，2020.

［8］ 王黎明. "互联网+"林业灾害应急管理与应用［M］. 杭州：浙江工商大学出版社，2020.

［9］ 温亚利. 城市林业［M］. 北京：中国林业出版社，2020.

［10］ 陈绍志. 林业规划评估方法学［M］. 北京：科学出版社，2020.

［11］ 张秀媚. 林业企业管理［M］. 北京：中国林业出版社，2020.

［12］ 黄华国，田昕，陈玲. 林业定量遥感［M］. 北京：科学出版社，2020.

［13］ 徐培会，王瑶. 林业资源管理与设计［M］. 长春：吉林科学技术出版社，2020.

［14］ 黄宗平，海有莲，杨玲. 森林资源与林业可持续发展［M］. 银川：宁夏人民出版社，2020.

［15］ 陈绍志. 当代世界林业研究［M］. 北京：中国林业出版社，2020.

［16］ 田杰. 中国林业生产要素配置效率研究［M］. 北京：中国农业出版社，2020.

［17］ 俞元春. 城市林业土壤质量特征与评价［M］. 北京：科学出版社，2020.

［18］ 龙飞. 林业统计学［M］. 北京：中国林业出版社，2020.

［19］ 铁铮. 林业科技知识读本［M］. 北京：中国林业出版社，2020.

［20］ 姚俊英. 林业气象学概论［M］. 哈尔滨：东北林业大学出版社，2020.

［21］ 周艳涛，王越. 林业有害生物监测预报［M］. 北京：中国林业出版社，2020.

［22］ 刘润乾，王雨，史永功. 城乡规划与林业生态建设［M］. 黑龙江美术出版社有限公司，2020.

［23］ 刘建斌，张炎. 300种观赏树木栽培与养护全彩图鉴版［M］. 北京：化学工业出版社，2020.

［24］ 杨义波. 吉林省常用园林树种［M］. 长春：吉林大学出版社，2020.

［25］晏增，杨清淮. 北方园林树木栽植与养护［M］. 郑州：黄河水利出版社，2020.

［26］赵和文. 园林树木选择栽植养护［M］. 3版. 北京：化学工业出版社，2020.

［27］张咏新，张秀丽，贾大新. 园林树木识别与应用［M］. 北京：中国林业出版社，2020.

［28］丁胜，杨加猛，赵庆建. 林业政策学［M］. 南京：东南大学出版社，2019.

［29］柯水发，李红勋. 林业绿色经济理论与实践［M］. 北京：人民日报出版社，2019.

［30］王刚. 我国林业产业区域竞争力评价研究［M］. 北京：知识产权出版社，2019.

［31］李南林，梁远楠. 100种常见林业有害生物图鉴［M］. 广州：广东科技出版社，2019.

［32］王林梅，路雪芳. 林业规划设计［M］. 吉林科学技术出版社，2019.

［33］李树森，郭秀荣，王也. 农林业机械学［M］. 北京：科学出版社，2019.

［34］蒋志仁，刘菊梅，蒋志成. 现代林业发展战略研究［M］. 北京：北京工业大学出版社，2019.

［35］刘丽丽，冯金元，蒋志成. 中国林业研究及循环经济发展探索［M］. 北京：北京工业大学出版社，2019.

［36］温亚利，贺超. 林业经济学［M］. 北京：中国林业出版社，2019.

［37］李建新，王秀荣. 园林树木栽培与养护［M］. 北京：中国农业大学出版社，2019.

［38］周武忠，黄寿美. 景园树木学［M］. 上海：上海交通大学出版社，2019.

［39］韩旭，王庆云，宋开艳. 园林植物栽培养护及病虫害防治技术研究［M］. 中国原子能出版社，2019.

［40］邵权熙，张文红，杜建玲. 中国林业媒体融合发展研究报告［M］. 中国林业出版社，2019.